Fanocracy: Turning Fans Into Customers and Customers Into Fans

讓訂閱飆升、引爆商機的

圈粉法則

流量世代，競爭力來自圈粉力

David Meerman Scott
大衛・梅爾曼・史考特 / Reiko Scott
玲子・史考特——著　辛亞蓓——譯

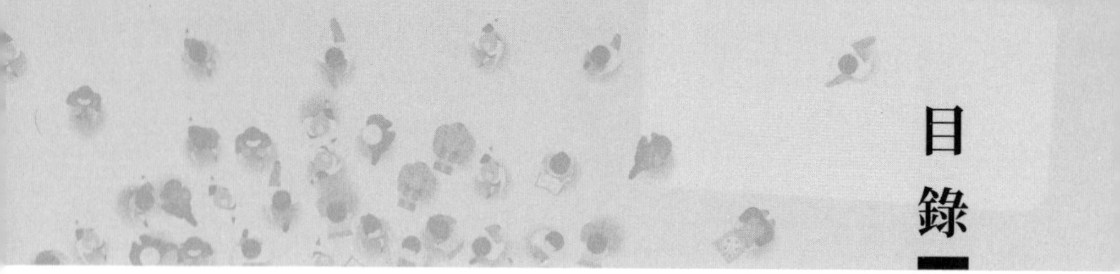

目錄

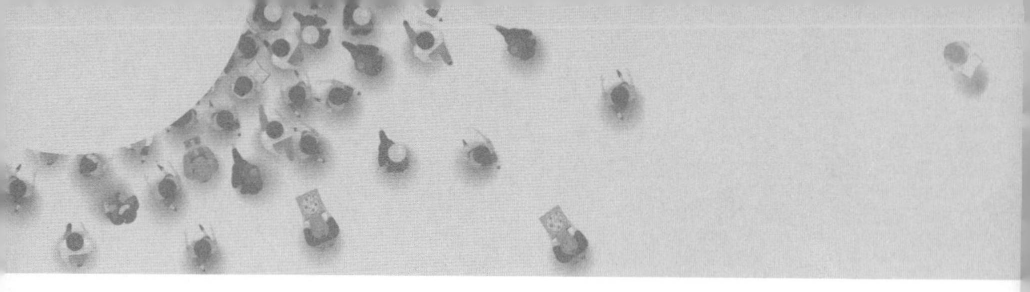

Part 2

圈粉不掉粉的九大步驟

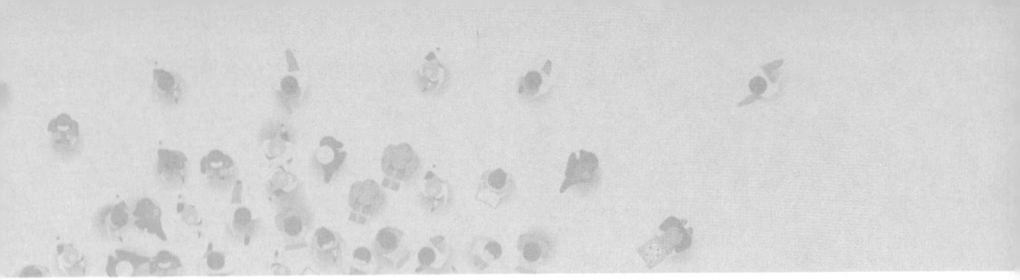

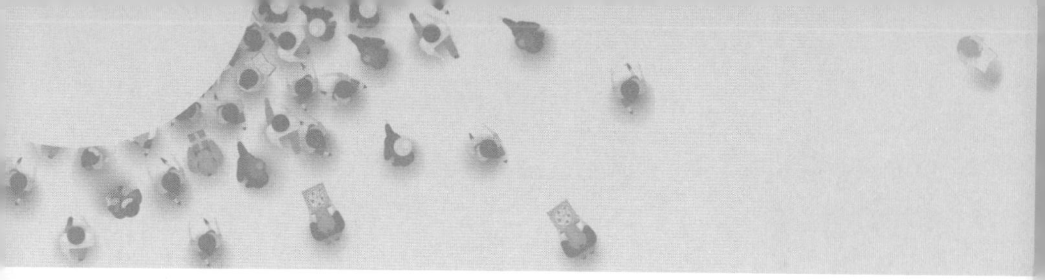

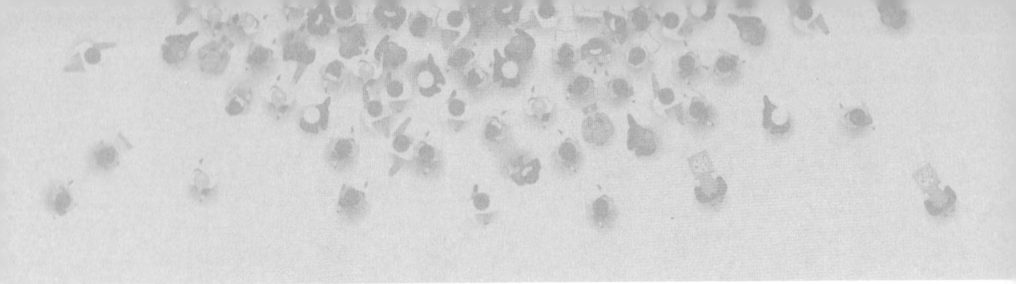

Part 3

粉絲力的樂趣，圈外無法理解的境界

好評推薦

「在自媒體當道的時代，鐵粉社群是不可或缺的強力後盾！學習如何將普通粉絲變成幫助你推廣理念支持你的信徒，是發展斜槓事業成功打造獲利模式的首要課題。擔任自媒體社群顧問以來，發現大家的共同困難就是，不知道該如何『圈粉』，甚至是不曉得如何搭建行銷漏斗將粉絲變現，這本書便清楚的將所有的圈粉法則一次告訴你，強烈推薦給所有正在這條路上的創作者們！」

——S編，S風格社群工作室創辦人、自媒體社群顧問

「品牌的黏著度來自『情感的羈絆』，本書示範如何用真摯的心來面對客戶，化情感為商機。書中提供許多新奇有趣的案例，值得任何企業或個人參考。」

——于為暢，個人品牌事業教練、《暢玩一人公司》作者

「根據數位行銷協會（DMA），二〇一九年數位媒體投資預算調查中，顯示社群媒體

的預算，占整體數位媒體投放預算的三六%。其中口碑行銷又占了其中的一五%。口碑行銷也就是我們所謂的KOL、網紅、YouTuber、頁配等運用。口碑行銷越來越重要，如何應用網紅、圈粉、帶貨，造成銷售，其實在理論上稱為『社群顧客關係管理』（Social CRM）。如何從粉絲中找到金粉、銀粉、鐵粉，再找出擁護者，再用擁護者影響、刺激粉絲，甚至驅動銷售。這就是『社群商務』（Social Commerce）。本書就是讓你了解如何應用這些粉絲的能量，達到傳播、影響、銷售的效果。想了解社群行銷的力量，不能不讀！」

——張志浩，麥肯傳播集團執行長

「在我的事業中，最重要的力量就是我和粉絲之間的關係。我的歌唱能力、歌曲和贊助商當然都帶給了我莫大的幫助，但粉絲與藝人之間直接互動的友誼，才是最令人嚮往的關鍵力量。本書著重在提升重要友誼的價值，以及所需的實踐方法。我讀完後，發覺這本書實在是太棒了！」

——羅尼．鄧恩（Ronnie Dunn），布魯克斯與鄧恩二重唱（Brooks & Dunn）歌手之一

「如果你想打造龍頭企業，關注顧客會是讓組織擴展的竅門。大衛與玲子要在本書中與你分享『優先考量顧客需求』的驚人見解，教你把顧客變成全力支持你的熱情粉絲。」

——凡爾納・哈尼許（Verne Harnish），企業家協會（Entrepreneurs' Organization）創辦人、《逐步升級》（*Scaling Up*）作者

「大衛與玲子實現了粉絲文化的理念，讓理念變得淺顯易懂，也讓大型企業、小型企業、非營利組織、營利組織、企業對企業電子商務等，都能實踐理念。你的企業當然也辦得到！最重要的是，當有一大群顧客在全力支持你做的事時，你會感受到經營企業的喜悅。」

——安・韓德里（Ann Handley），《人人都在寫》（*Everybody Writes*）、《創造優質內容》（*Content Rules*）作者

「書中最精采的部分是大衛與玲子列舉的各式各樣案例，沒有人敢說『粉絲力』不適用於自己的行業。坦白說，這不僅是我設立公司所運用的最成功辦法，也是最有趣的方式。」

——傑拉德・弗魯曼（Gerard Vroomen），OPEN Cycle與舍維羅（Cervélo Cycles）的共同創辦人

推薦序

把粉絲變顧客，把顧客變粉絲

——東尼・羅賓斯（Tony Robbins），美國潛能激發大師

只要是績效卓越的組織，經營方式都有一套核心策略——讓競爭對手相形見絀，並營造出強大的顧客忠誠度。這套策略價值不菲，因此顧客忍不住要分享自己熱中其中的理由與興奮之情。

這就是我想傳達的「創造死忠顧客」理念，也是我在世界各地的商業大師大學（Business Mastery）研討會傳授的七大祕訣之一。

大衛與玲子把忠誠顧客稱為「粉絲圈」（fandom）的一分子。粉絲圈了解你的背景，即使你轉往新的方向發展，他們也會跟隨著你的腳步，因為你能夠帶給他們無可取代的附加價值。

即使你想盡辦法讓顧客稱心如意，他們還是可能隨時離開你。**團隊中的每個人都要在組織裡齊心協力塑造一種「圈粉」（fanocracy）文化，你們需要培養的共識是：持續在顧客**

心目中留下深刻印象。

這種讓顧客念念不忘的附加價值，在客製化方面有重大的意義，也是我長久以來成功經營與拓展三十三家公司的祕密武器。我們現在有一千兩百多名員工，總收益超過五十億美元。一路走來，我們的團隊攜手成長。對我們來說，**追求顧客滿意度還不夠！我們絕不沉溺在「自我感覺良好」的產品與服務中，但一定會用心呵護顧客的感受。**

一切都取決於你自己。當你過著不同於流俗的生活，而且肩負起崇高意義的使命時，你整個人就會充滿幹勁與熱忱，自然而然地吸引其他人接近你，包括你的顧客、商業夥伴、員工等。

整個商業文化中的每一個人，都是一群愛好者當中的一分子，能帶動更多愛好者加入。就算你的公司只有兩個人，你們還是能創造「粉絲圈」。

假設你的公司有數萬或數十萬人，那麼其中每一個人在創造「粉絲圈」方面都有重要的影響力。當你授權員工、激勵團隊採取行動，讓他們自行作出艱難的決定，如果能激發出他們終生效命的忠誠，你便成功塑造了「粉絲力」文化。

任何一個組織實踐「粉絲力」的理念後，都能鴻圖大展。而你也能透過閱讀本書，開始著手培養重要的「粉絲圈」，讓自己的事業變得不同凡響。

本書作者大衛．梅爾曼．斯科特（David Meerman Scott）是我的知交，多年來我一直遵循他提出的理念。十多年前，他是發現社群媒體革命的先驅之一。如今，他是我創辦商業大師大學研討會的首席行銷演講人，世界各地的聽眾都很欣賞他內容豐富、有趣又鼓舞人心的演講。

沒有人比他更清楚要怎麼運用創新的方法吸引買家了。他把「劫持新聞」（newsjacking，利用新聞事件推銷品牌）等策略介紹給商業大師大學的圈子，徹底改變了企業家參與市場與發展業務的方式。

大衛與玲子一同開創「粉絲力」這個嶄新的文化潮流。這種強而有力的文化能推動商業成功，關鍵在於深入研究致勝策略。此外，「粉絲力」也探索新世代重視社群與共享的思維模式。

大衛與玲子分享了一些你能立即實踐的驚人理念，例如：說服他人接下你的工作、把世界看成一份值得你回報的禮物、使顧客軼事具有慶祝的價值等。

Part 1

為什麼需要學會「圈粉」？

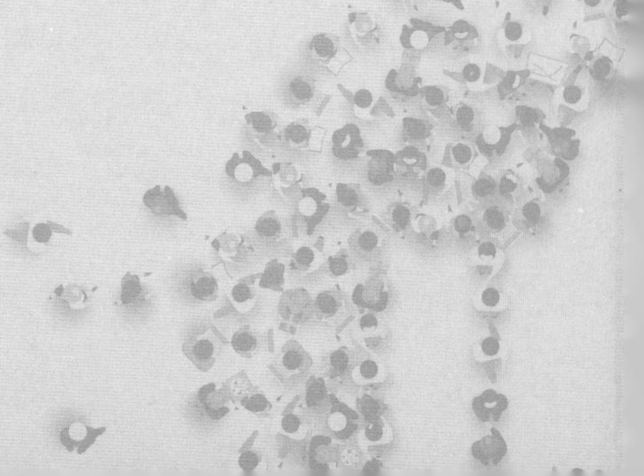

第1章

靠粉絲文化，受益良多

——大衛與玲子

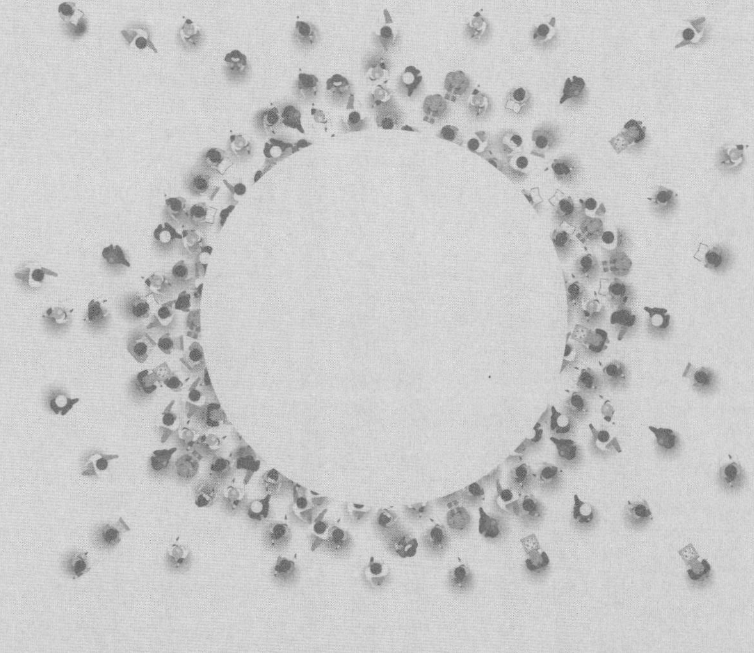

大衛：光是一張貼紙，能把陌生人變熟人

二〇〇七年九月，我應邀到麻薩諸塞州劍橋市，與剛成立不久的市場行銷軟體新創公司管理團隊會面。他們寄了一封邀請函給我，表示公司內僅有的十個人全都讀過我近期出版的《新行銷聖經》（*The New Rules of Marketing & PR*）。

我收到這封信後，怎麼可能按捺得住與他們見面的期待心情呢？

他們說公司正在開發一套軟體，能協助中小型企業運用我在書中描述的趨勢與技巧。

「大衛，我們一直都很想見你，」我們進到公司共用辦公空間的小會議室時，共同創辦人暨執行長布萊恩欣然歡迎我，並對我說：「你在書中提出的概念，正是我們公司需要落實的基本理念。我們的觀點如此相近，真是不可思議啊。」

當時幾乎所有商業人士都會為了傳統廣告花費一大筆錢，並雇用銷售員打電話給潛在客戶。而我的《新行銷聖經》以嶄新視角說明未來市場的行銷，描述我從社群媒體觀察到巨大又深遠的影響力。當時 MySpace 比臉書更受歡迎，而 Snapchat 和 Instagram 都尚未問世。找人合夥創業，然後幫助其他企業落實我書中的理念，這樣的經歷真叫人興奮。

我緩緩坐到桌邊的椅子，面對著布萊恩和他的幾個同事。

「你們是怎麼構想公司理念的？」我問道。布萊恩回答：「我們以前在麻省理工學院的

史隆管理學院一起念ＭＢＡ，常常聊到大眾購買商品和服務的方式起了多大的變化。Google是大家首選的搜尋引擎，就像你書裡提到網頁內容比廣告更重要，這一點確實沒錯。我們決定畢業之後成立新創公司，開發一套能幫助公司被搜索引擎找到的軟體。我們稱這種行銷方式為『集客式行銷』。」

「你們抓到開公司的好時機，」我一邊說，一邊從背包裡拿出 MacBook Pro，然後開機。「很多人一定開始了解到它的重要性了……」

「等一下，」布萊恩指著我的筆記型電腦說。「你先跟我聊聊那些貼紙，我們再繼續開會吧！」

我喜歡在蘋果筆記型電腦的鋁製外殼增添個人特色，這是我對外展示愛好的方式。我的電腦就像展現熱愛事物的告示牌。

「那張有日文的貼紙是什麼？」布萊恩問道。

大多數人都看不懂日文，所以我很驚訝他居然能馬上認出來。

「日本對我來說很有意義，」我說，「我參加過暑期日本高中交換學生計畫，從一九八七年到一九九三年，在日本生活了七年，還有，我老婆裕佳里是日本人。」

布萊恩一臉吃驚。「真的假的？一九九〇年代我也在日本住過幾年耶。」我的電腦上貼滿了貼紙，他接著指向另一張貼紙。

「那你怎麼會有南塔克特島的貼紙？」

那張南塔克特島的貼紙是島嶼的剪影圖，可以說是相當精緻。布萊恩能認出來，代表他去過南塔克特島，也對那裡有一定的了解。

「我在南塔克特島有一間房子。你去過那裡嗎？」我問他，但我應該猜到答案了。

布萊恩點頭。「我已經去過那裡好幾年了。說來奇怪，我們就像是失散多年的兄弟。我們都會去南塔克特島，都在日本生活過，也都很早就看到市場行銷的前景。」

他停頓了一會兒，然後咧嘴一笑。「還有那張閃電骷髏貼紙！你也是感恩死者（Deadhead）*嗎？」

布萊恩猜對了。

我也覺得愈來愈奇怪了，但我沒有把這種感覺說出來。布萊恩知道閃電骷髏（Stealie），可見他也是「感恩至死搖滾樂團」（Grateful Dead）的忠實粉絲。很多人都認得出半紅半藍的骷髏頭標誌，一開始是感恩至死搖滾樂團在一九七六年發行專輯《偷走你的臉》（*Steal Your Face*）的封面插圖，不過只有忠實的歌迷才會稱這個標誌為「閃電骷髏」。

「沒錯！我聽過他們好幾十場的演唱會。他們是我最喜歡的樂團。」

「也是我最欣賞的偶像，」布萊恩接著說，「我看過這個樂團的現場表演已經超過五十場了！」

這時候，我發現布萊恩的同事都很專心聽我們興致勃勃的談話，看起來都很樂意讓我們暢談感恩至死搖滾樂團。

「你是不是幾週後會去奧芬劇院看菲爾．萊什（Phil Lesh）的表演？」我問布萊恩。

萊什是感恩至死搖滾樂團最初的貝斯手。自從主唱兼吉他手傑瑞．加西亞（Jerry Garcia）在一九九五年辭世，樂團解散後，原先組成樂團的成員經常與其他不同的樂團巡迴表演。

「我當然會去，可是我還沒確定日期。」

我馬上就明白布萊恩的感恩死者暗號。他想參加，但是還沒有買票。

「我有多一張票，你想跟我一起去嗎？」

才過了幾分鐘，布萊恩和我就**從素不相識的陌生人變成像老朋友一樣聊天，只因為我電腦上的貼紙瞬間拉近了彼此的距離**。

我們在二〇〇七年十月觀看菲爾．萊什的第一場演唱會之後，又一起去看了五十多場表演。我們甚至把身為感恩至死搖滾樂團「粉絲圈」一分子的精神、對行銷產生的熱情結合起來，一起撰寫了《感恩至死搖滾樂團的行銷經驗：每家企業都能從史上最受歡迎的樂團學到

＊　「Deadhead」是感恩至死搖滾樂團的粉絲暱稱。

的課題》（*Marketing Lessons from the Grateful Dead: What Every Business Can Learn from the Most Iconic Band in History*）。

有趣的是，這本書的日文版在當年的日本暢銷商業圖書排行榜上排名第四，銷售量超越了英文版。難道是布萊恩和我在寫作時，不自覺地把在日本生活的情感傾注到字裡行間了？有可能喔。

我們初次見面後，過了幾天，布萊恩就邀請我加入 HubSpot 顧問委員會的初創成員。我的電腦上多了一張紀念重要時刻的 HubSpot 貼紙，這是一件多麼興奮的事情啊。

多年來，我、布萊恩和 HubSpot 團隊密切合作，讓公司在二〇一九年實現了六億五千萬美元的收益增長。如今，HubSpot 在紐約證券交易所上市，並在全球各地設有辦事處。二〇一六年，當 HubSpot 在日本開設辦事處時，布萊恩和我都為開幕典禮致詞。

這一切都是因為布萊恩和我找到彼此交流的方式、共同的興趣，以及發現我們都是支持相同明星的粉絲。我們互相分享愛好，一開始是雙方都熱愛的音樂，再來是我們的工作。

玲子：共同喜好，建立通往成功的道路

在見到阿斯拉．拉扎（Azra Raza）博士的幾天前，我就開始感到緊張了。她是紐約哥倫比亞大學醫學中心的骨髓增生異常綜合症中心主任，即將成為我的指導教授。二〇一三年，我在哥倫比亞大學剛結束第二個學年，夢想著成為一名醫生，而眼前的這份暑期實驗室職務是我實現目標的其中一個跳板。

我的想法是，這份職務只不過是未來求職、或讓履歷表更豐富的附加選項而已。我之前待過的實驗室環境都不太重視打招呼的禮儀，而我也已經習慣了這種風氣。

於是當我走進拉扎的辦公室時，我試著展現出我過去有研究的經歷，讓自己投入長期以來包裝好的學術形象，表示自己已經適應毫無生氣的無塵室，就像一個女演員參加試鏡，要試演實驗室科學家的角色。

然而出乎我意料之外的是，在擺滿書架與書籍的私人圖書室裡，有位女士前來歡迎我。那裡不但有醫學期刊，還有歷史書、自傳和小說。我覺得自己好像穿越時空，回到了我從小成長的家。

以前家裡沒有足夠的空間擺放所有的書，所以許多書擠滿了高處的書架，導致擠不下的書堆在地板上。我爸媽對書本有深厚的感情，這對小時候的我有著潛移默化的影響。我一看

到感興趣的書名，就忍不住拿起來翻閱。但是我太過投入了，竟然忘了自我介紹。

指導教授發現我目不轉睛地沉浸書中。

「妳喜歡詩嗎？」她問道。

我不知道該怎麼回答這個問題。我之前在大學實驗室工作的兩年期間，從來沒有遇過這樣的對話。科學和藝術是兩碼子事，不能混為一談，不是嗎？至少那時候我是這麼認為，所以我一直不自覺地壓抑自己內心喜歡科學也喜歡藝術的想法。

「喜歡。」我小聲回答。

我從以前的面談經驗學到不要表現得太過熱情，我以為喜愛故事和文字是一種弱點，因為一般科學家都沒有這樣的特質。

拉扎博士從書桌上拿起一本書，用一種我聽不懂的語言念給我聽。然後，她憑著記憶朗誦英文翻譯。她轉頭看我，說出來的每句話都悅耳動聽。「我很喜歡這首詩，」她說，「我這陣子都在忙著把這首詩翻譯成英文。」

「聽起來很優美。」我說道。

她微笑著請我坐下。我們才剛認識沒多久，就開始聊到書籍和科學的話題了。感覺就像我們之前有過好幾次愉快的談話，這次只是接續上一次的話題。

真希望我們就這樣繼續聊下去。

我在拉扎博士的實驗室度過了兩個夏季，我觀察到她非常熱愛文學——她自稱到了如痴如醉的地步，這一點卻使她成為更好的醫生。我終於領悟到，**熱情並不是一種分散注意力的情感，而是讓人與人之間的關係更進一步發展的方法**。就像熱情牽引著拉扎博士和我聚在一起一樣。

她對於將阿拉伯語和烏爾都語（Urdu）* 翻譯成英語十分熱中，這股熱情也反映在她翻譯病患的疾病。她滔滔不絕地對認識已久的病患述說上週觀看有關漢娜・鄂蘭（Hannah Arendt）** 的電影，然後反過來鼓勵病患聊聊自己遇到的趣事。她對那些病患感到好奇。什麼事能讓他們感覺舒適自在？什麼事能令他們開心？她對每位病患的興趣似乎無窮無盡。

「如果不了解對方，也不知道對方的喜好，就不可能合作得很愉快，」她說，「我們治療的對象是人，不是疾病。」

後來，我才知道這種做法就叫「敘事醫學」（narrative medicine）。

拉扎博士幫助我培養類似的熱情，讓我學到意義深遠的一課，也就是藝術與科學之間存在互相影響的共通性。

---

* 屬於印歐語系的語言，為巴基斯坦的國語，也是印度使用的語言之一。

** 美籍猶太裔政治學家，二十世紀重要哲學家之一，著作主題包括極權主義、知識論、直接民主制等，對西方的政治理論有深遠影響。

我有幸遇到和我有共同興趣的人生導師，她鼓勵我投入熱愛的活動，而不是只把這些活動當成可有可無的業餘愛好，結果她改變了我對自己的看法。我學會把真實的自己融入職業生涯，不僅使我提供更好的醫療保健服務，也讓我變得更快樂。這是我們相處的時光中最美好、最難忘的禮物。

二〇一五年，我離開了拉扎博士的實驗室，並從哥倫比亞大學畢業，我帶著這段時間學到的人生課題，來到了波士頓大學醫學院（BUSM）。那時，我是大二醫科學生，開始制定課程大綱，並在BUSM教導敘事醫學的課程。我找到了繼續前進的方向，因為我從拉扎博士身上學到確立自己的定位後，重新定位了自己。

我從這段經歷看到了父親與布萊恩・哈利根（Brian Halligan）*合作的影子，也看到共同的愛好建立起通往成功職涯紐帶的過程。每個人繼續在職業的道路上前進時，都能在社群中培養恆久不變的熱情。

成為粉絲，能讓我們與有共同興趣的人建立密切關係，而且關注所熱愛事物的行為和帶來的結果，會吸引別人紛紛效仿。

隱藏嗜好和熱情，反而阻礙你的人際關係

父親和我的興趣很不一樣，不過我們對世界現況的觀察結果，竟然出奇地相似。我們一起談論過去幾年的經歷時，都很驚訝地發現，彼此的愛好與所屬的粉絲圈對個人生活有多麼重要。

父親很喜歡衝浪，因為在水上活動、與其他衝浪者互動，可以幫助他放輕鬆和保持頭腦清醒。我則是很喜歡針對欣賞的書籍畫一些粉絲繪圖**，並與其他人分享，理由也跟父親一樣。

此外，長期下來，我們兩人都發覺彼此對於善用粉絲圈來經營企業的看法很相近。由於世界的本質不斷在變化，了解如何與形形色色的人打交道便很重要，包括千禧世代***、以及不同種族、各種性傾向的人。這就是我與父親一起研究、撰寫這本書的主因。我們在接下來的章節會深入探討開發潛在粉絲的要素，包括親近顧客、放下你的創作、不求回報的送禮、駕馭企業透明度的力量，以及其他概念的重要性。

---

* HubSpot 的執行長暨共同創辦人，也是麻省理工學院的資深講師。
** 動畫、漫畫、電子遊戲、電影、小說等作品的愛好者，針對原作內容或角色，衍生的二次創作繪圖。
*** 又稱Y世代，指一九八〇年代和一九九〇年代出生的人。

我們透過訪談、成功案例和一系列策略，把焦點放在大大小小的公司、非營利組織、企業家、餐廳、藝人、音樂家、教師、醫療保健專業人士和保險經紀人等個體或組織，探討運用粉絲文化並與粉絲建立密切關係的方法。

有好幾天晚上，我們坐在餐桌前討論彼此的經歷，把一些想與讀者分享的觀點列入書中。**有些人認為，嗜好和滿腔的熱情在一個人步入「成年」階段、或進入「職場」後，會消失得無影無蹤，但我們覺得這樣的想法很殘酷。反倒認為一個人誤解不屈不撓的敬業態度後，無形之中就會阻撓自己發展真誠的人際關係**。這也是我們決定寫這本書的原因。

我常常在夜間讀書時與朋友互傳簡訊，聊聊有關電視節目或漫畫書的內容，要不然我會覺得黑夜很漫長。父親則與一些同樣喜愛現場音樂的人結下了深厚的終生友誼。

圈粉法則

在工作以外有熱愛的事物，可以和志趣相投的人建立有意義的關係。

如果你想成功培養支持企業的熱情粉絲，就要創造出粉絲圈的特有文化。我們之前也提過，你需要了解書中理念的另一個重要原因就是：認識和你有共同興趣的人，能讓你過得更快樂。

當你把身為粉絲的熱情散播出去，使那些原本和你有不同愛好的人，也紛紛加入同一個粉絲圈，那麼你就創造出一個有好事發生的理想環境了。

了解人們對公司、產品、理念或藝人著迷的過程與原因，對做生意很有幫助，還能增強親朋好友間的凝聚力，讓他們一起享受熱愛的事物。大家都能展現真實的自己，同時也能兼顧事業的成功。

第2章

粉絲圈帶來的優勢

——玲子

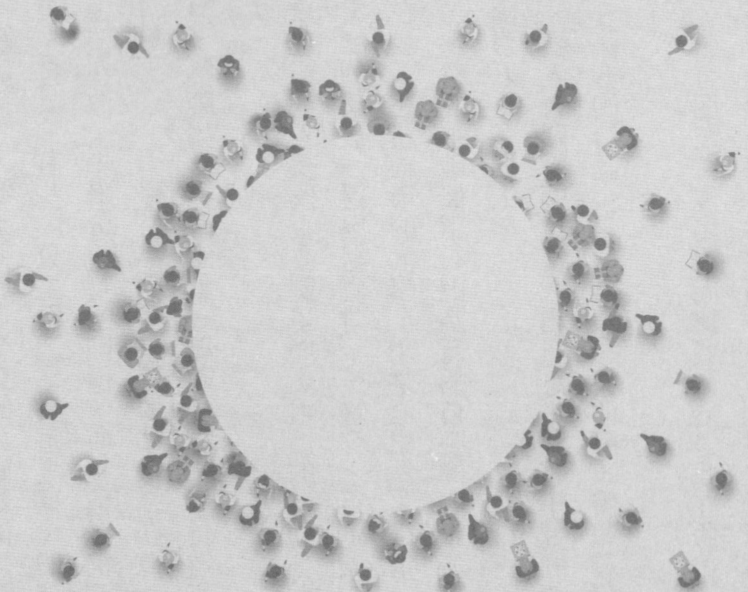

二〇一三年四月十五日下午，那一天是愛國日*，波士頓馬拉松賽的終點線附近有群眾擠在科普利廣場，有些人在現場為朋友和親人打氣，有些人只是單純享受這場盛事的樂趣。

我當時在幾百英里外的紐約市上大學，但在波士頓附近成長的回憶，使我依然把波士頓當作故鄉。愛國日一直是我每年最喜歡的日子之一。也許是因為這個紀念日只在波士頓舉行，除了麻薩諸塞州之外，幾乎沒有人知道：美國獨立戰爭的第一場戰役有一個具週年紀念意義的國定假日。

這一天，整個州都會歇業，好讓民眾參加或觀看美國獨立戰爭歷史重演的活動、遊行和波士頓馬拉松賽。愛國日讓我想起以前在家鄉的清晨一邊喝著咖啡，一邊穿上行進樂隊的制服，為這個慶祝場合做準備的情景。但現在我人在紐約市的大學，不禁產生懷舊之情。

不幸的是，那天下午充滿喜慶的氛圍，卻瞬間被破壞了，因為有個自製的高壓鍋炸彈發生爆炸，奪走了三個人的性命，還炸傷了兩百五十多個人。

我的手機響個不停，每個人都在談論、輸入有關愛國日當天的訊息。我蒐集到的新聞報導很零散，包含爆炸、身分不明的嫌疑犯、警方的行動、傷亡人數、尖叫聲、警報和陷入一片混亂的場景。

我得知幾個朋友那天參加了馬拉松賽，還有朋友在現場觀看比賽。於是我在臉書上瀏覽朋友偶爾發布的最新消息。有一位朋友的最新動態寫著：「沒事了。我兩點三十分越過終點線，目前在回家的路上。」還有一位朋友發文寫道：「我當時在聯邦大道觀看比賽，離危險區有一段距離。」

當我得知自己在乎的人都安然無恙後，心情變得比較平靜了，但我的內心還是非常焦慮不安，這種感覺揮之不去。我離家鄉這麼遠，光是知道他們一切安好，並不足以讓我停止擔憂。

數位化的交流方式根本不夠。再多的追緝新聞或警方發言人的聲明，都無法緩解我的不安情緒，而且社群媒體不斷瀰漫著恐懼和困惑的氣息，更讓我覺得忐忑不安。這場悲劇發生之後，我需要的是親近其他波士頓人，當面與他們溝通，並感受人與人之間的聯繫，提醒自己那些人會勇敢地活下去。

球迷萬眾一心，恢復城市光景

你可以問任何一位波士頓人：「波士頓這座城市具有什麼意義？」大多數的市民會說：

* 美國麻薩諸塞州每年於四月第三個星期一慶祝的美國獨立戰爭紀念日，當地會舉辦波士頓馬拉松賽。

波士頓市是世界上最傑出的體育賽事城市。

從二〇〇〇年以來，波士頓運動隊總共在十二場錦標賽贏得冠軍：愛國者隊六度奪得美式足球賽總冠軍，紅襪隊四度奪得棒球賽總冠軍，塞爾蒂克隊贏得一次籃球賽總冠軍，棕熊隊贏得一次冰球賽總冠軍。這樣的優異紀錄確實是實至名歸。不過，優秀的成績並不是這座城市重視體育活動的唯一因素，而是城市與波士頓的文化認同有緊密的關係。

爆炸事件發生後，警方的追緝行動延伸到郊區，新聞充斥著「恐怖主義」、「嫌疑犯」、「全面封鎖」和「交戰」的字眼，我當時在尋找能團結市民的信念，不想獨自承受這場悲劇的餘波。不可思議的是，我和其他波士頓人各自透過手機或電視看新聞報導，終於在混亂的局勢中找到了團結彼此的力量。這種萬眾一心的力量很穩固，而且令人驚奇。

四月十九日星期五那一天，波士頓紅襪隊被要求取消在主場迎戰堪薩斯市皇家隊的比賽，因為波士頓市依然處於封城狀態，當局也終於在當天傍晚逮捕了逃亡四天的其餘嫌疑犯。

當第二個被控告犯下爆炸案的男子遭到逮捕後，波士頓市終於解除封鎖，恢復了「正常」活動。但氛圍已經不如往常了。社群媒體上廣泛出現主題標籤「#BostonStrong」，不過波士頓市民需要的不只是話題的標記，還需要更多人支持「波士頓堅強起來」（Boston Strong）的口號。他們需要在人群中找到志同道合的人，一起為心愛的城市加油打氣。

大約在波士頓大型體育賽事發生襲擊悲劇後不到一週的時間，紅襪隊就在芬威球場

（Fenway Park）舉行了第一場比賽。數萬名觀眾聚集在美國最著名的棒球場，還有數百萬人透過電視觀看比賽。此時，紅襪隊意識到這場比賽是團結波士頓市民的大好機會。

在芬威球場上歡呼的三萬五千多名觀眾面前，紅襪隊中有「老爹」暱稱的明星球員大衛・歐提茲（David Ortiz）拿起麥克風，說道：

「波士頓沒事了，真是謝天謝地。

我們今天穿的球衣，上面不是寫著紅襪隊，而是寫著波士頓。

我們非常感謝曼尼諾市長、派屈克州長，以及所有警察在過去一週的偉大貢獻。

這是我們最熱愛的城市，沒有人能支配我們的人身自由！

大家一定要堅強下去。謝謝！」

那場比賽及簡短的演講結束後，情況發生了巨大的變化——紅襪隊不再只是一支球隊，因為有波士頓市民在他們的背後撐腰。雖然有些人可能認為在緊要關頭時，一場棒球賽只不過是無用的消遣活動，但事實證明，對於哀思如潮的城市而言，棒球賽能鼓勵市民走出爆炸案的傷痛。

從二〇一三年到二〇一六年，波士頓的經濟成長率超過了美國的全國平均水準。波士頓規畫暨發展局研究部出版的《二〇一八年波士頓經濟雜誌》（*Boston's Economy 2018*）指出二〇一六年的波士頓市生產總值估計為一千一百九十一億美元。此外，波士頓市的失業率也逐漸下降，從二〇一三年的七%降低到二〇一七年的三．一%，市內提供的職位數量增加速度，比全國平均數量的增加速度還快。

身為紅襪隊的球迷意味著以波士頓市為榮，具有號召力的「戰吼」在隨後的幾年引起了廣大迴響。

紅襪隊憑著「波士頓堅強起來」的力量勇闖世界大賽，一路在六場比賽中擊敗聖路易紅雀隊，為近代運動賽事歷史上獲得最多總冠軍的城市再度奪冠。此時已經與藉機吹噓戰績無關，而是球迷在背後的支持力量，增強了波士頓經歷可怕事件後的恢復能力，事後的每一場勝利也展現出波士頓全體市民的深厚感情。

什麼樣的人會成為粉絲？

在爆炸事件結束後的那段恐慌、混亂的日子裡，紅襪隊整頓力量的祕密武器是什麼呢？他們到底具備了新聞媒體或政府官員缺乏的什麼條件呢？

答案就是：擁有粉絲。

紅襪隊把粉絲圈的共同價值提升到更有意義的層次，迅速克服了那段苦難日子的紛亂。

粉絲？

在一般人的刻板印象中，超級運動迷都不太有魅力：四十多歲的人挺著啤酒肚，坐在沙發上大嗑洋芋片，時不時對著電視破口大罵，聲音大到快要把鄰居震聾了。

或是一般人耳熟能詳的另一種刻板印象：不善於社交的三十幾歲書呆子與父母同住，喜歡玩《決勝時刻系列》（*Call of Duty*）、《魔獸世界》（*World of Warcraft*）等電子遊戲。如果他想要多一點新鮮感，可能會玩《龍與地下城》（*Dungeons & Dragons*）的擲骰子遊戲。他在現實生活中找到配偶的機會有多大呢？

還有一種既定的刻板印象：十幾歲的少女對某個明星心生愛慕，在牆上貼滿那位明星的照片或海報，並在自己使用的每個社群媒體網站把帳號改成「HotBoyLovr05」之類的用戶名稱。她開始經營關注那位明星行蹤的部落格，平時也閱讀有關吸血鬼的愛情小說。有時候，她會興奮地發出尖叫聲，嚇到十英尺附近的人。一般人能指望她為社會帶來有意義的貢獻嗎？

許多人習慣把不同的特定族群，分成不同的粉絲圈典型形象，例如《宅男行不行》（*The Big Bang Theory*）或《書呆子復仇記》（*Revenge of the Nerds*）等電視劇中不善於交際的角色。他們以為只有整天躲在地下室的繭居族、滿腦子都是幻想的少女或**御宅族**（otaku）* 才會加入粉絲圈。

難道這些特例就是粉絲該有的特質嗎？與全心專注在追求學歷與事業的人相比，把時間和精力投入到一般人認為不重要的嗜好，生活就會比較沒有意義嗎？

因此，我們可以推論出：有太多人限制自己享受所愛事物的樂趣。也許，他們很擔心全心投入熱愛的活動，會影響別人對自己的看法，也很害怕淪為與眾不同的刻板印象。

每個人都有自己感興趣的事物，能藉由自己的興趣認識其他人，包括你在午休時間詢問簡短的一句「你昨天晚上有看比賽嗎？」或有人邀請你下個週末一起去看漫威電影。休閒愛好能幫助人建立良好的關係，而粉絲圈能吸引人聚在一起，這就是每個人都渴望擁有的人際關係。

數位化時代，社群互動榮景不在

網際網路為世界各地的使用者帶來簡單的人際互動前景。像臉書這一類的社群網路、YouTube 等內容傳遞服務，不僅可以免費使用，操作方式也很簡單，只要連上網路就能接觸到地球上的所有人，難怪全球有數十億人深受這些網站吸引。

在社群媒體的早期階段，參與社群網路就像加入一場虛擬的雞尾酒派對。那時候，我們還是會和朋友見面、問問朋友最近過得怎麼樣，放學或下班之後也會保持聯絡。我們可以透過發文、分享、按讚或按喜歡，用很有趣又有效的方式，跟很久沒有見面的人維繫關係，或重新聯繫。

可惜今非昔比，臉書等社群網路使用的演算法並不注重用戶想看到的內容，因為採用的技術傾向於為股東謀取利益，而不是兌現原先的承諾：協助用戶與朋友、家人、同事互動。用戶收到排山倒海般的垃圾郵件、社群網路衍生的廣告及假新聞，不是朋友傳送的訊息，也不是希望生活充實又有意義的人真正需要了解的資訊。

更糟糕的是，騙子陸續想出利用網路來引誘用戶支持黨派的方法，使得特定黨派的資訊不斷在媒體上形成循環，不但加深用戶的恐懼感，還持續製造引起恐慌的內容。多數人都明白自由進出的社群網路意味著喪失隱私，但他們註冊帳號的本意，從來都不是為了讓內心深處的想法、祕密、寫給自己或所愛的人的備忘錄，被盜取並賣給出價最高的人。

結果，現代人面臨不斷製造衝突、缺乏人情味的數位化世界。當今有許多人覺得網路上

* 主要指流行文化愛好者，熱中的事物包括偶像、動畫、汽車、漫畫、電子產品、科幻、電腦、電子遊戲等。

的社交關係不適合他們，於是不再像以前那麼喜歡在網路上社交了。很多人反應說自己已經把上線狀態設成隱藏了，也選擇自己可以保有控制權的隱私選項。

另外，我們發現下列的有趣資訊：美國心理學家珍．圖溫吉（Jean M. Twenge）、嘉貝麗．馬丁（Gabrielle N. Martin）與基斯．坎貝爾（W. Keith Campbell）在二〇一八年的報告指出，每年對美國超過一百萬名國中二年級、高中一年級和高中三年級學生進行的調查顯示，愈常使用電子通訊的人愈不快樂。

他們的研究發現智慧型手機的使用率攀升，使用者的心理健康（以自尊心、生活滿意度和幸福感來衡量）在二〇一二年過後突然惡化了。不只是青少年用戶發覺使用電子通訊會感到不快樂，我們也發覺現代人的壓力增大與努力維持自己在網路上的良好形象有關。

圈粉法則

當一般人渴望建立真誠的人際關係時，社會的大環境卻大力推廣膚淺的線上溝通方式。

數位化的推銷花招讓我們倍感失望，於是這本書就此誕生。所有人都能感覺到這個時代出了問題。**每一個人都處在重要文化變遷的風口浪尖上**。

以前就曾經出現過類似的重要文化變遷。

舉例來說，從一九五〇年代開始，美國人就很看好加工食品的前景。斯旺森（Swanson）的可微波冷凍食品、品客的新奇（Newfangled）洋芋片和 Stove Top 的餡料蔚為風潮。速食店門庭若市，麥當勞就是其中一個例子。媒體滔滔不絕地談論，保存期限延長和簡便的烹調方式能讓大家的生活更輕鬆。

但近年來，美國人開始意識到加工食品對健康有害，於是決定「走回頭路」。此外，許多美國人都覺得加工食品嘗起來不太美味，對食物的看法已經不一樣了，開始找回昔日購物和烹飪的方式，期望買到新鮮蔬菜，也對親自到菜市場買菜樂此不疲，並且樂意多花一點錢買放養雞*。

我們也能從人與人之間交流的方式看到同樣的轉變。社群媒體讓現代人沉溺在虛假的友情中，而這種現象即將出現大逆轉。**社會的大環境正一步步在恢復人類真心相待的交際方式**。

當波士頓市陷入危機時，網路的存在對我和其他人的安慰作用不大，實際上幫助我們的

---

* 雞一天當中有部分時間可以到戶外活動，而不是一直被關在封閉的環境中。

是群體團結的力量：一起熱烈支持同一支球隊，一起見證獲勝的時刻。

有多不勝數的組織面對數位化時代引起的混亂現象，反而採取更頑強的做法，不僅試圖四處張揚，也想盡辦法在社群媒體和各種網路管道超越競爭對手的產品與服務。

於是，他們未經顧客同意，屢次三番大量寄發電子郵件給顧客，只為了大肆宣傳產品。他們也試著與顧客保持聯繫，卻是用不斷干擾的方式：製作或發送更多影片，發表更多推文*，以及請求建立更多LinkedIn（領英）人脈。他們認為透過社群媒體散播消息，比制定長期策略更容易實行，畢竟編寫和發表一則推文只需要一兩分鐘。

然而解決辦法並不是反覆做更多同樣的事，而是勇於發起一項有目標的運動。

在數位化的世界中，人們的生活變得愈來愈雜亂和膚淺，逐漸失去充滿力量的交往：真誠的人際關係。人們必須努力培養能創造親密感、溫馨感受和共用價值的人際關係，否則結交再多的朋友也只是淪為統計數據。

想克服生活中缺乏人際互動的挫折，其實並不難。每個人都能鑽研或培養自己熱愛的事物。譬如我和父親就喜歡邀朋友一起參加演唱會、讀書會，或是在動漫展玩角色扮演。有些人則可能喜歡跑步、打高爾夫球、刺繡、看表演、蒐集美酒、每個週六下午參觀美術館和博物館、學習寫作、參加專題研討會、練習瑜伽、到健身房鍛鍊體魄、園藝或釣魚。

粉絲圈比比皆是。如果機構、藝術家、個人企業家或其他實體希望增加人氣，粉絲圈就是決勝的關鍵。粉絲圈可以橫跨好幾個世代，涵蓋的主題不計其數，最終能把個人的興奮情感、目標和購買力結合在一起。無論你需要打交道的對象是誰，了解粉絲圈是你邁向成功的基石。

我們把這種經由共同努力、有意識的吸引人群聚集在一起的表現叫作「粉絲力」：組織或個人尊重粉絲，並且有目標地帶動粉絲建立有意義的人際關係。

字尾的「-cracy」來自希臘文「kratos」，意思是「統治」，用在流行文化和學術界則是指：由特定的一群人或根據某個原則制定的體制。**粉絲力是一種由粉絲控管的文化，這種文化正出現在當今的世界。現代人準備要進入一個更重視人而非產品的時代。**

圈粉法則

當我們憑著個人實力達成偉大的目標時，粉絲力就會發揮作用。

* 指在推特（Twitter）的社群網路服務發表的公開文章。

真正的粉絲圈富有意義，並且具備積極的人際關係，其中的基本要素能展現出公司與顧客之間的相處模式轉變，留給粉絲的印象是坦誠、有幫助和公開透明，並把顧客變成興趣相投的熱情粉絲，藉此創造嶄新的體驗。話說回來，正是粉絲力讓波士頓市民團結起來，為紅襪隊的勝利高聲喝采呀。

真正的粉絲力能在艱困的時期，帶動群眾一起用有益又正向的力量思考、感受和行動。在我待的醫學領域中，粉絲力代表病患與醫生之間有益健康的療癒力量。粉絲力賦予人們自主權的方式，完全沒有人能獨力實現。**直到我們樂在工作又懂得玩樂時，便是成功掌握了自己的生活。**

圈粉法則

結交志趣相投的人，能引領我們走向事業成功之路，也能使我們心靈富足。

不只是娛樂活動，更象徵著文化

雖然我小時候在有「冠軍之城」美名的波士頓市長大，但當時我並沒有關注職業運動。我的朋友都穿著球迷版球衣上學，我也常常聽到他們興奮地提到運動員的名字。但那時候我的愛好都在其他領域，所以他們談論的內容對我沒有吸引力。甚至我大學畢業，直到現在，還是對老公班（Ben）聊的運動話題不感興趣。

從我第一天認識班，他就是個忠實的棒球迷。現在看他認真閱讀有關紐約洋基隊最新陣容的體育新聞，我才驚覺到自己之前自以為是地把支持球隊當成很無聊的事。我當時的想法是，這不是會浪費很多時間嗎？而且知道那些運動消息有什麼用處？

後來，我搬回波士頓就讀醫學院時，發覺自己對這個城市根深柢固的體育文化更感興趣，於是漸漸了解到，在身邊許多人的心目中，**支持球隊不只是娛樂活動而已，更象徵著文化**。

我目前在波士頓醫療中心工作和學習，當初有許多經歷波士頓馬拉松賽爆炸案的受害者被送到這裡來；即使是現在，還是有員工經常穿著印有紅襪隊或塞爾蒂克隊標誌的「波士頓醫療中心團隊」襯衫。在這座城市的許多酒吧，都可以看到大衛・歐提茲的裱框照片，並附著他之前在芬威球場說過的名言。這就是粉絲力發揮的作用。

然後，我讓身邊的人都大吃一驚（連我自己都很驚訝），因為我逐漸對冰球產生了濃厚的興趣。我成了支持波士頓棕熊隊的球迷。而我在二十五歲左右之前，從來不曾在電視上或現場看過任何一場冰球賽。

後來，我了解冰球的規則，包括判罰、經典的「攔阻」，我也叫得出一些球員的名字，看得懂他們的表現數據。我潛心鑽研後，終於體會到自己是這座冠軍之城的一分子了。我第一次到現場看的冰球賽是在多倫多道明銀行花園（TD Garden）舉辦，當時棕熊隊在延長賽率先進球，我和數千名球迷起身為勝利的時刻歡呼。

我對冰球的興趣帶來了我沒有預料到的結果——我和公公有了共同的話題了。原本我們之間沒有相似的興趣，也沒有可以暢談的話題。但在我們兩個人都是棕熊隊的球迷之後，變成會一塊聊上一場比賽，以及彼此分享對下一場比賽的看法。他在我生日時，送了我一件棕熊隊的球迷版運動衫，我很自豪地穿上這件運動衫去了看下一場球賽。在接下來的史丹利盃季後賽中，我們也會為喜愛的球隊加油。

粉絲圈不一定要團結整個城市，有時候兩個人「心連心」就很足夠了。登上波士頓鴨子船，舉行封王遊行吧！

第3章

以粉絲為中心的商業力量

——大衛

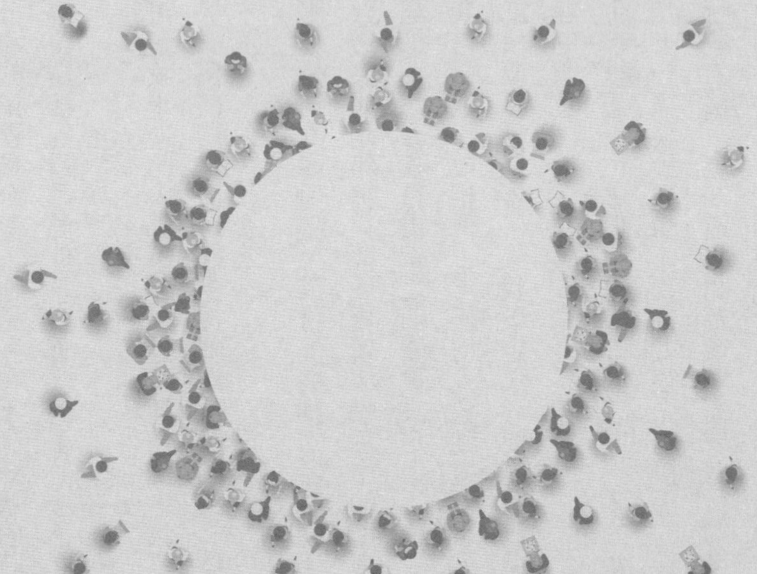

我與另一位來自虛擬主機暨網域註冊公司的業務員會面，他是我在不到一週的時間就求助的第六個人。我還寄了十幾封請求提供解決辦法的電子郵件，儘管收到了一些不同人的回覆，卻始終無法實際解決我遇到的問題。

我有一個網域出現了很罕見的問題，可是我求助的人都不曾遇過這種情況，也不知道如何處理。我提出的問題從一個部門被轉到另一個部門，從一個支援階層再跳到另一個階層，恐怕離問題解決的那一天是遙遙無期了。

兩年前，我剛開始成為那家虛擬主機服務公司的客戶時，業務員把我的帳戶設定錯了，他勾選的那個方框是特殊的服務類型，導致後來的兩年裡只要一更新，帳戶中的所有資料就會統統不見，包括多年來的電子郵件歷史記錄，除非我在更新之前變更設定。

問題是沒有人知道怎麼變更設定。（我自己也不敢相信！）任何人遇到這種事，都不可能掉以輕心。網域的問題拖到現在，眼看就快要滿兩週年了，我下定決心要極力避免迫在眉睫的災難。但當下沒有人能立即解決我面臨的數位困境。

每位業務員的態度都很友善，看起來也都很想幫忙，但我每次都必須向接手的新業務員重頭解釋我遇到的問題，而且要耗費十到二十分鐘談論細節。我早就跟先前接手的幾位業務員說過這些細節了，他們都知道已經試過哪些方法，也知道我認為後續需要進行的措施。

然後，業務員會請我「稍候」，因為他們需要「研究問題」。最後，和我談過的每個業務員都表示無法在短期間解決問題，建議我加錢升級。事情發展到這個地步讓我很惱怒，因為沒有人主動站出來承擔責任，也沒有人主動追蹤問題解決的進度，或引介其他有辦法修正錯誤的專業人士。我簡直是孤軍奮戰。這實在是太讓人失望了。

為什麼這家公司不派個專人負責全程處理我的問題呢？我認為只派一位業務員會比較有幫助，也能省下多位業務員協助此事所耗費的數小時成本。為什麼他們公司寧願浪費這麼多人力資源呢？

有數十家虛擬主機暨網域註冊公司都搶著找我下單，為什麼這家公司偏偏沒有從我身上看到發展長期關係的價值，只把重點放在賣給我產品呢？真可惡，我擁有二十幾個網域，每年要花上千美元服務費，可以說是一個可靠、夠格又值得爭取的客戶，難道他們不希望在未來的幾年留住我這位客戶嗎？

過去的銷售法則，隨網路時代逐漸失效

過去五十年來，商業界一直遵循著世界各地商學院傳授的老套行動方案：企業透過電視、廣播、報紙、雜誌和郵購廣告等主流媒體宣傳，吸引大批群眾的注意，達成向消費者推

銷企業產品與服務的目的。這套理論把顧客服務當作一項需要控管的成本，也就是盡可能減少支出。

以前大家都固定看某幾家報社的報紙、看某幾台電視節目、到某幾家商店購物，也固定使用某幾個品牌的牙膏刷牙，看起來這套理論頗有成效，公司靠著促進產品與服務的銷售就足以履行職責。

如今，隨著網路的興起，人人都可以隨時找到需要的資訊，不只消費者研究產品與服務的方式改變了，購買的方式也改變了。大家都能獲得詳細的資訊，在幾秒鐘內就能從網路訂購國際供應商的產品。此外，大家還可以參考其他消費者使用產品或服務後的評論。競爭力在當今世界已經換上全新的面貌。

> **圈粉法則**
>
> 在過去，各行各業的競爭範圍有局限性，如今處處競爭激烈。

說到全新的數位時代，玲子在第二章提過，人們逐漸失去真誠人際關係的力量，而這一點正是創造粉絲力的關鍵要素。那家虛擬主機公司與我之間缺乏牢固的聯繫，因為沒有一位業務員和我交談過兩次。

我覺得自己好像只是其中一個反應有故障問題的客戶編號，例如一二二八六號，他們似乎只需要應付一下我的問題後，就可以跳到下一個編號了。接二連三的業務員都試著協助我，難道他們認為我在快要喪失所有資料時，還會存有情分嗎？

對組織來說，照著這樣的思維模式去做，是多麼簡單卻又有影響力啊！與顧客打好關係能培養粉絲圈，但如果只在乎有沒有把產品推銷出去，很容易使顧客被其他價格更便宜、操作起來更方便，或擅長處理問題的品牌所吸引。

假如那家虛擬主機公司派一位積極主動的業務員全程幫我處理問題，我會覺得在那家公司認識到一位在未來數年可以倚靠的好夥伴。

有些人以為自己的事業或職業不適合培養粉絲。他們可能會說：「我是＿＿＿＿，不可能創造出粉絲力。」（空格內可以填「軟體公司行銷員」、「會計」、「醫生」、「律師」、「技術業務」、「藝術家」、「家具店老闆」、「保險推銷員」等各種領域的專業人士。）事實上，**所有類型的企業都可以藉由與顧客套交情的方式來創造粉絲力**。

圈粉法則

我們與顧客之間的交情，比賣給顧客的產品與服務更加重要。

其實，有些很有趣的粉絲力例子，都是顧客把企業賣的產品或服務當作有用的商品。本章開頭提到的虛擬主機服務只是其中一個例子，你仔細想想看，虛擬主機就像保險或內衣一樣屬於有用的商品。

我們在研究的過程中，很高興發現到各種事業成功的組織都是以卓越的方式在經營業務。這些組織都已經在業界開創了一套非凡的成功之道。

連內衣褲也能訂閱？粉絲獨享限量版

有一家看上去不太像能夠開發粉絲的公司叫專屬內衣（MeUndies）。你看一下這家公司的網路商店，喜歡嗎？我很喜歡。管他三七二十一，我先穿一件內褲試試。超細莫代爾

（MicroModal）布料非常柔軟、有彈性，設計也很漂亮，所以我又多買了幾件。後來我才知道他們提供訂閱服務。什麼？訂閱內衣褲的服務？

MeUndies 巧妙結合了出色的內衣褲設計和有效的網路技術，旨在發展與粉絲之間的關係。連內褲都可以科技化嗎？沒錯！這家公司的訂閱平台能使購買新內褲變成愉快的體驗。我承認，我真的很期待每個月都在那兒挑一件新內褲。

訂閱者一開始可以選擇款式、尺寸和印花風格——經典、豔麗或新潮（我選新潮風格，每個月付十六美元。我很喜歡色彩鮮明的印花圖案。）然後，訂閱者可以隨時登入操作平台，瀏覽八到十種不同的印花選項。

只要點一下滑鼠，就能預訂想要的商品，而且每個月的出貨日都很固定。特別有趣的是，印花圖案會定期更新。有些圖案是限量版，所以你可能會搶不到貨。還有一些圖案只限訂閱的用戶購買，而且無法隨時購得。

我現在看看自己有哪些印花選項：玉米糖（花樣很配萬聖節的應景糖果）、熄燈後（暗夜中的幽靈）、太空戰士（星球和有關太空的圖案）、歡慶勝利（西洋棋的棋盤）、企鵝派對（黑白相間的企鵝，底色是粉紅色），以及其他幾款有趣的印花圖案。

我決定這個月選企鵝派對系列的內衣褲。相信裕佳里看到之後一定會很興奮！她非常喜歡企鵝。我們幾年前一起去了南極洲，為的就是讓她到當地體驗和企鵝在一起的感受。

你可以看出我的想法有了轉變：幾十年來，只要我用舊了的內衣褲出現破洞或開始鬆垮，一想到需要買新的內衣褲就會心煩，但現在我變得很期待訂購下個月的新貨。

反觀很多公司都在忙著製造沒完沒了的產品廣告和社群媒體炒作。打九折！免運費！快速到貨、優質、新貨、划算！但數位化產生的混亂局面勢不可擋，這種做法意味著公司被迫專注在產品與服務，而不是更應該關注的人──有血有淚的顧客！

「我們創造的品牌宗旨是貼近人心、理解消費者的心聲，」MeUndies 創辦人暨董事長喬納森．蕭克萊（Jonathan Shokrian）繼續說：「讓像家人一般的顧客對我們的品牌產生情感聯繫，因為歷年來的各種產品都缺乏這種情感。」

像 Instagram 這樣的社群媒體平台，對 MeUndies 的銷售成長有莫大功勞。在我寫作的此時，「@MeUndies」帳號在 Instagram 已經有三十四萬名粉絲追蹤。

MeUndies 有一個很有趣的特色，就是男女都可以買到同款印花的商品。消費者能穿上相配的情侶裝，或把同一套印花系列的內衣褲當作有趣的禮物送給朋友。這家公司也經常在 Instagram 展示粉絲穿情侶裝的合照。

許多從事網路商務的人表示，他們無法開發潛在粉絲，因為沒有機會與人互動。不過，透過網路訂閱的方式銷售內衣褲、只限訂閱用戶才能買得到的樣式、推出情侶版內衣褲，以及讓熱烈支持的粉絲有機會在社群網路欣賞、展示喜愛的內衣褲，這些看起來很難執行的業務都是開發粉絲的妙招！讓顧客有機會參與品牌向世界亮相的過程，顧客就更容易在體驗時投入情感。

「雖然我們銷售的產品是內衣褲，公司的基本理念卻遠遠超越產品本身，」蕭克萊說，「我們鼓勵人們活出自信，這才是我們支持的重要價值觀和生活態度。」

我十分認同。身為 MeUndies 的死忠粉絲，我認為 MeUndies 和那家虛擬主機公司有很大的差別，因為 MeUndies 讓我覺得備受關注。有時候，我甚至覺得他們為了想出更了解我的新方法而熬夜。他們近期的品牌宣言也深得我心：「九百萬個散發自信光采的屁股！」

要在粉絲影響力甚大的世界中取得成功，就必須相信：與顧客建立的交情比將產品或服務賣給他們更重要。有意義的人際關係是打造忠實粉絲圈的基本要素，各式各樣的公司都創造得出來，包含從來沒有親自見過顧客、或與顧客通過電話的公司。

賣保險，重點不在產品，而是人際關係

「保險業糟透了，」老爺車保險的專業供應商哈格蒂保險公司（Hagerty Insurance Agency）執行長麥克爾・哈格蒂（McKeel Hagerty）說，「沒有人想買保險。做這行一點都

不好玩。」麥克爾不像其他保險業者那樣吹捧自家公司的產品，但他想出了絕妙的主意：鼓勵老爺車的車主與承保公司建立良好關係。

「我開始思考眼前的機遇，漸漸領悟到重點不在於保險商品，而是要保護車主對汽車的強烈情感，」麥克爾說，「我**不必發明汽車**，**也不必激起熱情**，**只需要善用熱情**，**然後把熱情和全心投入的精神結合起來**。這就是我們公司的核心理念。這樣一來，我們就能和客戶維繫更感性、更注重交情的關係，還能吸引潛在客戶的注意，同時留住原本的粉絲。」

圈粉法則

多關心顧客感興趣的事物，藉此維繫與顧客之間的良好關係。

哈格蒂每年派員工到世界各地參加一百多場汽車展，為喜愛老爺車的車迷舉辦活動，例如汽車估價研討會、賽車的青年裁判計畫（車主的家人也一同參與），還有讓夫妻坐在心愛的老爺車裡，開車到重溫結婚誓言的地方，而哈格蒂的員工會裝扮成伴娘和伴郎，現場也有攝影師捕捉值得紀念的時刻。多麼有創意的主意，對吧？

麥克爾每次出席老爺車的展覽時，總是在思考還有沒有與老爺車車迷建立關係的新方法。結果，他終於想出好點子——能運用在智慧型手機的獨特應用程式。

「我參加汽車拍賣會好幾年了。我在拍賣會觀察到一個有趣的現象，就是真正會掏錢買車的人，通常只有差不多十個人，其他有好幾百個人都只是去看拍賣會，所以場面有點像吸引大批觀眾觀看的運動，」麥克爾說，「他們拿到印好的拍賣目錄後，等著拍賣槌敲下，接著在目錄上寫好售價，做為他們自己的小筆記。當我注意到有這麼多人都會這樣做時，就想到我們有機會創造一種協助流程的應用程式。」

「哈格蒂情報」（Hagerty Insider）是免費的老爺車拍賣跟蹤應用程式，能搜尋即將拍賣的汽車、查看過去的拍賣價格，並針對感興趣的汽車設定待觀察清單。老爺車的車主還可自行在應用程式中建立現有汽車的簡介，更新汽車在市場上的估價變化。

「我們推出的第一個月，下載次數就高達兩萬左右了！」麥克爾說：「大家現在不只可以跟蹤他們即將參加的拍賣會消息，還可以參考類似拍賣會過去的售價。另外也涵蓋了同期間舉行的每場現場汽車拍賣會資訊。」在老爺車的圈子中，掌握同期間的所有拍賣資訊是很重要的事，因為各大拍賣行每年一月都會在亞利桑那州的斯科茨代爾市同時舉辦拍賣會，為期至少三天。

這些拍賣行包括巴雷特–傑克遜（Barrett-Jackson）、邦瀚斯（Bonhams）、古鼎

（Gooding & Company）以及RM蘇富比（RM Sotheby's）。但車迷不可能同時到這些拍賣行。「哈格蒂情報」讓老爺車的車迷都能關注所有銷售情況，而每當車迷這麼做時，也會注意到哈格蒂保險公司的名字。

「我們很贊成讓大家掌握情報，」麥克爾說，「擁有老爺車是一回事，但了解老爺車又是另一回事。有些人會有點浮誇地說：『哦，你知道那輛車在一九六五年有某某款式嗎？』對熱情的車迷來說，也許這種事早就聽多了。我們當然希望能為所有人的愛車投保，但也希望大家把我們當作增進知識的中心，加深他們對汽車的了解，並對身為車迷感到自豪。」

你可以看到麥克爾堅持不懈的身影！二〇一九年，他宣布一項社群新方案「哈格蒂司機俱樂部」，這是他迄今制定過最宏大的計畫。會員每年支付四十五美元的費用，就可以免費訂閱哈格蒂保險公司的獲獎雜誌、取得優質的估價工具、出席限會員參加的活動、享有精選汽車產品與服務的折扣、路邊救援服務，以及其他好處。

哈格蒂Plus計畫現有的六十萬名顧客可以免費入會，甚至任何人都可以加入哈格蒂司機俱樂部，就連其他保險公司的顧客也不例外。「我們的目標是吸引到六百萬人加入哈格蒂司機俱樂部會員，」麥克爾說，「這個神奇的數字代表我們發起的『運動』打開了知名度。」

有些老爺車車迷對電動車和自動駕駛汽車的興趣日益濃厚。當上路的方式即將發生重大變化，許多人會擔心他們投資五十年或一百年前製造的汽車價值。哈格蒂司機俱樂部的數百萬名會員也會聯合起來討論道路通行權，算得上是一種粉絲力了。

「我們期望哈格蒂司機俱樂部成為車迷的活動中心，」麥克爾說，「我們在一起會有更大的發言權，能幫助我們一步步走向獨立自主。喜歡開車的人也會希望在『真人駕駛汽車和自動駕駛汽車共用道路』的議題上有發言權。」

你可能會發現，成立哈格蒂司機俱樂部、參與汽車展、舉辦裁判賽事、鼓勵親子活動、設計應用程式、提供估價工具等與老爺車車迷建立關係的方法，都無法直接促成哈格蒂保險商品的銷售量。不過，這些方法能幫助麥克爾和他的員工與現有的顧客、潛在顧客建立穩固的交情，創造出粉絲力。

圈粉法則

你的顧客粉絲圈能奠定獨特的粉絲力根基。

挺有意思的是，哈格蒂保險公司需要推銷的產品是多數人排斥的汽車保險，公司卻已經吸引到這麼多粉絲了。一般人在生活中消費的產品和服務多半很相似，而且還不一定是心甘情願花錢買的東西，比如虛擬主機！哈哈！或是害蟲防治產品、乾洗服務。但**對所有產業而言，把企業的基礎建立在人際關係上，是事業成功的關鍵，即使是一般消費者討厭的產業也一樣**。

哈格蒂一邊推出「人見人厭」的汽車保險商品，一邊塑造粉絲圈，過程中付出的努力對公司的盈虧底線產生正面影響。從哈格蒂開業以來，複合成長率就一直維持二位數，如今成為規模最大的老爺車保險公司，明年預期再增加二十萬名新顧客！

「我們突破舒適圈，明確地知道目標是挑戰自己，努力拉攏粉絲，」麥克爾說，「我們發現自己做得很不錯，也樂在其中。這是一件很重要的事，因為好口碑是公司成長的動力。」

所有組織都可以做些讓粉絲齊聚一堂的事。想要成功的話，就必須學會從其他人的角度看事情，也要了解粉絲私下支持品牌的方式。這個概念既簡單又有極大的效力，任何組織都能辦得到。

數位產品與服務崛起後，傳統的企業面臨日益激烈的競爭環境，因此培養人際關係格外重要。許多分析師和媒體從業人員指出網路購物促使本土商店沒落，以及數位音樂的出現導致音樂產業陷入嚴重的發展困境，包括廣播電台和唱片公司。相比之下，數位音樂平台確實比較沒有競爭力。

不過，你現在已經明白蓬勃發展的良機依然存在，就算聽到許多人說數位化的未來勢不可擋，你也不該輕言放棄。

傳統廣播比串流媒體更有吸引力，怎麼做到？

有些傳統產業拚不過新數位產品、新數位服務的強大競爭，因此遭到時代淘汰。例如，我們只需要點擊幾下滑鼠，就能買到機票、住飯店、租車，那麼旅行社有什麼作用？我們能從網路上快速搜尋到汽車的標價，那麼擅長討價還價的汽車經銷商有什麼用處？取得音樂、電影和書籍的新方式應運而生，目前的供應商該何去何從，才不會慘遭淘汰呢？

約翰·加拉貝迪安（John Garabedian）是音樂廣播節目《開放日派對》（*Open House Party*）長達三十年的創作者兼主持人。這個節目是出售給數百家廣播電台播出的現場直播，能透過世界各地的網路串流媒體收看。他說：「Pandora、Spotify、蘋果公司收購的 Beats 等音樂串流服務商參與競爭後，廣播節目需要在歌曲以外增加新玩意，才能保持競爭力，繼續吸引和留住大群的觀眾。」多年來，全球幾乎所有大明星都參加過《開放日派對》，包括瑪丹娜、阿姆、女神卡卡和凱蒂・佩芮。

這個節目的特色是歌手和攝影棚裡的一小群觀眾共度大型的週六晚會，而聽眾能同時打電話給節目參與現場的活動。聽眾收聽節目時，不但可以聽到藝人的歌聲，還能感受到現場觀眾的興奮之情，並了解其他聽眾打電話給節目，或在網路直播中點播哪些熱門歌曲。許多樂迷都覺得《開放日派對》帶來的樂趣，比透過串流媒體服務聆聽熱門歌單更有吸引力，原因是可以和其他志趣相投的人互動。

《開放日派對》每次的播出內容可以說是由粉絲主導，因為所有歌曲都是依照聽眾的點播，讓聽眾能在週六晚上聽到喜歡的歌。這種與粉絲直接互動的方式意味著《開放日派對》能即時掌握熱門新歌、察覺到最受歡迎的歌曲，以及很重要的一點：確定哪些是大家聽膩的過時歌曲。

「**廣播節目和單純播放曲子的音樂串流媒體服務商不一樣，因為廣播節目需要使人聽得入迷，還要充滿趣味性**，這樣一來，聽眾就不是光聽節目或電台的聲音，而是真的很喜歡特定的節目或電台，」加拉貝迪安說，「**不錯的廣播節目能留住忠實的聽眾，而優秀的廣播電台除了能吸引聽眾，還能吸引粉絲。**」

加拉貝迪安創造了由數百萬名樂迷組成的粉絲力，這些樂迷都會收聽由數百家廣播電台在每週六晚上播出的《開放日派對》。當然，他們平常可能也會透過數位串流媒體服務，聆聽自己的音樂播放列表，但只要他們想在週六晚上參與『音樂饗宴』，就會收聽《開放日派對》。

面對網路服務商的激烈競爭，像加拉貝迪安這樣的人都沒有放棄，而是想辦法直接和粉絲打交道。人際互動能培養忠誠度。熱中收聽《開放日派對》的樂迷認為，音樂不只是一種產品（歌曲），還能讓他們找到有相同興趣的夥伴，一起享受音樂本身和音樂相關話題帶來的生活態度。把人聚在一起，讓他們在現場共同使用產品，這種做法能幫助公司與粉絲建立關係，而且是數位方案無法實現的事。

同樣的塑造粉絲力做法，也能運用在其他與網路商品銷售競爭的組織。以圖書業為例，實體書店的競爭對手是強大的網路書店，因為網路書店能以低廉的折扣價賣書，還能提供免費送貨的服務，包含隔夜或當日送貨服務。但網路服務商的缺點是：無法與書迷搏感情。

如何讓書迷非逛實體書店不可？

布魯克萊恩書店（Brookline Booksmith）的老闆兼經理彼得・溫恩（Peter Win）說：「我

已經記不得有多少次在收銀台通電話時，聽到對方說有多麼喜歡來參觀我們的書店了。」布魯克萊恩書店位在波士頓以外的柯立芝角（Coolidge Corner）街區，一九六一年開張時的廣告標語是「陶醉在閱覽的藝術境界」。如今，這家書店有四十五名員工，擁有七千五百平方英尺（約兩百一十一坪）的商用空間。

「聽到人家告訴你，他很喜歡光顧你的店，是多麼大的驚喜啊！簡直難以置信。」我們在十二月初的週六下午參觀布魯克萊恩書店，看到店裡擠滿了人。我們數了一下，發現有超過二十個人在排隊等候三位忙碌的收銀員結帳。由此可見，布魯克萊恩書店的生意很興隆。

「社群對許多小型企業來說都很重要，尤其是獨立書店，因為這是網路書店缺乏的特點，」溫恩說，「**我們不是為了銷售和補貨才出現在這裡。我們是來討論書的。過程中培養的人際關係和對話，都是打造社群的部分方法**。你可以在網路上或其他地方買書和其他商品，有時候還能撿到便宜。但你上門光顧我們的書店，能找到人一起聊書，也能找到人推薦好書。也許你根本就沒想過自己會對某本書感興趣。也可能從來沒聽說過某本書。但有人會跟你說：『哦，如果你喜歡看這一類的書，那我推薦你看這本。』我們每天都會跟人聊書，也會聊到我們賣給街上的人、來自波士頓各地人士的其他物品。」

布魯克萊恩書店在二〇一九年蓬勃發展，可見這家實體書店成功培養出了專屬粉絲。近年來，隨著網路圖書零售商在美國市場興起，Borders、沃爾登書店（Waldenbooks）等大型連鎖實體書店都倒閉了。至於有最多零售銷路的邦諾書店（Barnes & Noble），原本有超過七百家連鎖書店，目前只經營了大約六百家書店，而且之前收購的七百九十七家 B. Dalton 連鎖書店，也都收攤了。

經營一家有數千本藏書的大型實體書店需要付出高昂的經費，看起來不太可能變成長期發展的事業，但布魯克萊恩書店依然經營著這個龐大的事業。

我們看了看布魯克萊恩書店裡藏書豐富的書架，很驚訝地發現許多書封上都有「作者簽名」的貼紙。書店前方也列出許多推薦書單，全都醒目地註明作家來訪和簽書的日期。

布魯克萊恩書店不只銷售書籍這個商品，還能用來當作社區的活動中心，並鼓勵大眾在書店內或離開書店後，都能談論書籍相關的有趣話題，比方說他們的粉絲聊起見到作家本人的經歷，以及詢問適合在讀書會討論的下一本書。

溫恩每年邀請一百多位作家舉辦活動，地點通常在書店出售二手書的地下室。那裡有成千上萬本深受讀者喜愛的舊書，再加上有興致勃勃的書迷聚在一起，使得作家談書的過程給人一種親切、舒適又溫馨的感覺。

「許多不同擅長領域的作家和名人都來過，」溫恩說，「我們邀請到文學小說作家，題材包含懸疑、科幻和奇幻，也邀請到兒童文學和青年文學的作家，以及很酷又有趣的非小說類作家。」溫恩特別喜歡邀請接下來會出版暢銷書的新作家。

「在我們這麼小的店裡見到欣賞的作家，是一種很美妙的體驗。我還記得幾年前，查蒂・史密斯和大衛・密契爾出版第一本書時，都曾經來我們書店舉辦導讀活動，當時有二十到二十五位書迷參加，這段回憶相當美好。現在已經不可能邀請到他們了，因為他們已經有好幾百位狂熱的粉絲。」

因此，當知名的作家想舉辦導讀活動或講座時，溫恩就會把活動場地定在對街的柯立芝角劇院。這座裝飾風藝術的劇院已從一九三三年經營到現在。溫恩說：「像羅斯・蓋、麥可・翁達傑和傑森・雷諾茲這樣的作家，他們都有振奮人心的特質，能吸引到兩百到五百多位書迷。」

布魯克萊恩書店偶爾為一些大名鼎鼎的作家舉辦活動，這些作家只是到書店幫粉絲簽書，沒有發表演講。「名人通常會吸引到大批的人群，當然現場也會比較吵，」溫恩說，「最近這幾年，我們為敏迪・卡靈、尼爾・派屈克・哈里斯、安迪・科恩、YouTube 網紅喬伊・葛瑞斯法等人舉辦活動。他們都曾經在我們的店裡簽名售書，吸引到六百到八百人，排隊的人潮多到繞了整間店一圈，隊伍延伸到正門外，有時候還會排到大概半個街區。當然，人一多就有此起彼落的歡呼聲，也有人喜極而泣，還有許多人忙著自拍。」包括書商和顧客在內的每個人都享受著充滿趣味的體驗，一有機會也會跟別人分享這些趣事。

溫恩表示，除了在作家活動上銷售大量的書籍，以及建立熱中參與這些活動的粉絲社群等，能為布魯克萊恩書店打開知名度的好處之外，另一個好處是：作家會對自己在社群媒體長期維繫的粉絲宣布自己何時參訪波士頓，而他們的粉絲會為了見到心儀的作家遠道而來。「這些作家的粉絲多半沒有來過，甚至沒有聽說過布魯克萊恩書店，」他說，「他們有機會了解我們的書店，也許因緣際會成了我們的粉絲。」

有些當地的讀書會也會充分利用布魯克萊恩書店樓下的空間。其中有一個讀書會在這家書店聚會十多年了，書店也為他們開設了一個網頁，定期列出他們一起讀過的書。

奇妙的是，這個讀書會與布魯克萊恩書店之間沒有附屬關係。「店裡沒有人主持或參與那個讀書會，」溫恩說，「他們自己規劃流程，只是借用我們的場地而已。加入讀書會的書迷可以藉機來這裡認識其他有共同興趣的人。這是我們吸引想討論書籍的人來訪的另一種方法。他們挑的書不拘一格，有時候是小說，有時候是非小說類，偶爾也會挑其他題材新穎的書。每次會議快要結束之前，他們會針對即將閱讀的下一本書進行投票，然後告知我們書名，我們再提供幾本書。但是讀書會的成員不必付錢給我們。」

溫恩在布魯克萊恩書店是一位事必躬親的老闆。他喜歡與人互動和切磋知識，你和他交談兩分鐘後，就會發現他是個愛書人。他甚至在書店的官網上公開自己的電子郵件地址。

「雖然我是老闆，我還是會在店裡賣書和結帳，」他說，「任何人隨時都可以在店裡找到我。讓大家知道我在這裡是很重要的事。我們一直都在努力讓喜歡看書的人享有美好的體驗，這樣他們才會繼續支持好書和這家書店！他們知道隨時都可以來這裡找書，也知道有人能推薦他們不錯的書，讓他們發現一些自己從來沒想過會感興趣的內容。想在這個時代嶄露頭角，就得盡心盡力與顧客打好關係。」

實體書店在自成的一方天地中，也能創造轉型的契機。**透過不斷了解顧客的喜好和需求，為傳統商店帶來空前未有的機會，不僅能鼓勵顧客買書，還能使顧客破例買書，加入死忠粉絲的行列**。

布魯克萊恩書店、哈格蒂保險公司、MeUndies 等商店或公司發展的人際關係，以及《開放日派對》樂迷之間的互動關係，都是藉由面對面、通電話或巧妙的網路溝通方式逐步建立起來的。我之前提過，這些強大的粉絲人脈能與時下的嚴峻競爭相抗衡。

圈粉法則

當你發自內心對顧客感興趣，你們之間的交易關係會漸漸地轉變成粉絲力。

許多公司依然誤把促進交易當成執行工作的重點，並且盡可能壓低交易成本，但你現在已經知道祕訣是創造粉絲圈了。

尤其當你遇到販賣相似商品的強大競爭對手時，你與顧客從交易關係過度到發展粉絲圈的轉變，就會發揮極大的效用。當別人只顧著推銷產品時，你長期認真維繫的粉絲圈就會讓你脫穎而出。在達到這樣的境界之前，你得發自內心地對顧客感興趣，處處考量到顧客的需求和喜好。

羅馬尼亞的某家餐廳給了我非常深刻的印象，這家餐廳就像許多餐廳一樣，有美味的食物，以及能欣賞優美景色的位置，不過，我是基於另一個特別原因，才想分享以下的用餐體驗，也相信所有旅客都會因為這個原因，而把某家餐廳列入自己的最愛名單。讓我來告訴你這段難忘的經歷吧。

在前往布加勒斯特市之前，我和裕佳里發現，身在四千五百英里（約七千兩百四十二公里）外的波士頓，我們很難決定要預訂當地哪一家餐廳。我到波士頓去演講，而裕佳里願意陪我去，讓我很高興，我們都很期待在有趣的新地方共度愜意的休閒時光。

我和裕佳里都是饕客，而且很愛光顧世界各地的優質餐廳。我從她身上學到粉絲圈的概念。我們當初相遇的時候，她就很喜歡尋找有趣的餐廳了，搜尋條件是：餐廳裡的廚師能發揮創意做出美味佳餚。她能夠記住幾十年前在餐廳吃過的菜色，這真是不可思議的能力。每次我提到我們去過的城市時，她就會開始談論當地她最喜歡的餐廳，以及我們在那家餐廳吃了哪些料理。

我們就這樣帶著熱情的粉絲心情，在貓途鷹（TripAdvisor）等網路服務商的網站上查看評論，並參考一本老舊的旅行指南。在我們前往全球數十座城市和一百多家餐廳之前，早就經歷過類似的過程了，所以我們明白要挑選到兩個人都喜歡的用餐地點得碰運氣。

主廚的親自服務，是餐廳的附加優勢

我和裕佳里都注意到藝術家餐廳（the Artist）是多數人的首選，所以就直接訂位了。抵達布加勒斯特市後，我們請飯店的櫃檯服務員推薦幾家好吃的餐廳，他最先提到的就是藝術家餐廳。我們很慶幸已經預約座位了。

我們在飯店興奮地等待優步（Uber）接我們去餐廳。抵達後，兩人都很開心地看到餐廳坐落在一間已經現代化的美麗古老別墅。接著，我們試吃了幾樣菜色，發現味道都好極了。我們之前去過的許多餐廳，環境都很宜人，食物也很可口，不過到底是什麼附加優勢使藝術家餐廳成為多數人的首選呢？也許等我們吃完最後一道餐點才知道答案吧。

等到要上甜點時，出乎我們意料的是：主廚保羅・奧本坎普（Paul Oppenkamp）出現在餐桌前做自我介紹，並解釋說他是來和我們一起完成這道甜點的。

首先，杵臼裡有甜羅勒和薄荷，主廚倒了一點液態氮到香草上後，陣陣白煙不斷竄出，同時產生美妙的嘶嘶聲。他告訴我們要盡快磨碎香草。磨完後，他把黃瓜冰淇淋舀到香草中，請我們攪拌後盡速食用。我們嚐了第一口合作製成的甜點時，他笑逐顏開。太讚了！

那道冰淇淋確實很美味，但優點不僅於此。我們**有機會見到主廚保羅，他在餐桌旁陪我們一起體驗製作過程，讓這段用餐時光變得獨一無二**。那一晚是我們在羅馬尼亞一週當中最難忘的一天，主要原因不是藝術家餐廳的美食和漂亮的裝飾風格，而是我們成了主廚保羅的新粉絲！

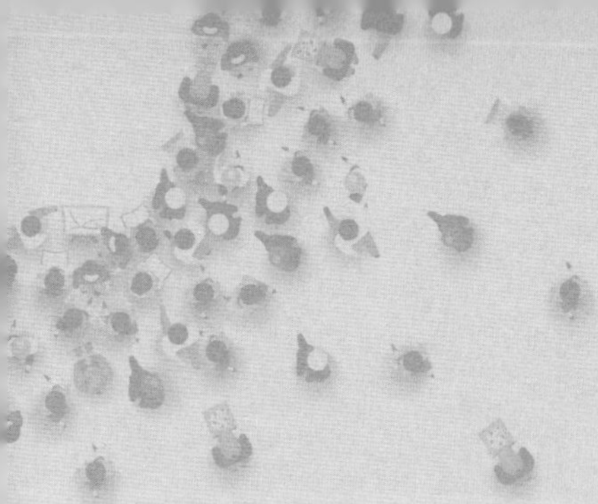

Part 2

圈粉不掉粉的九大步驟

第 4 章

保持三・六公尺內的互動距離

——大衛

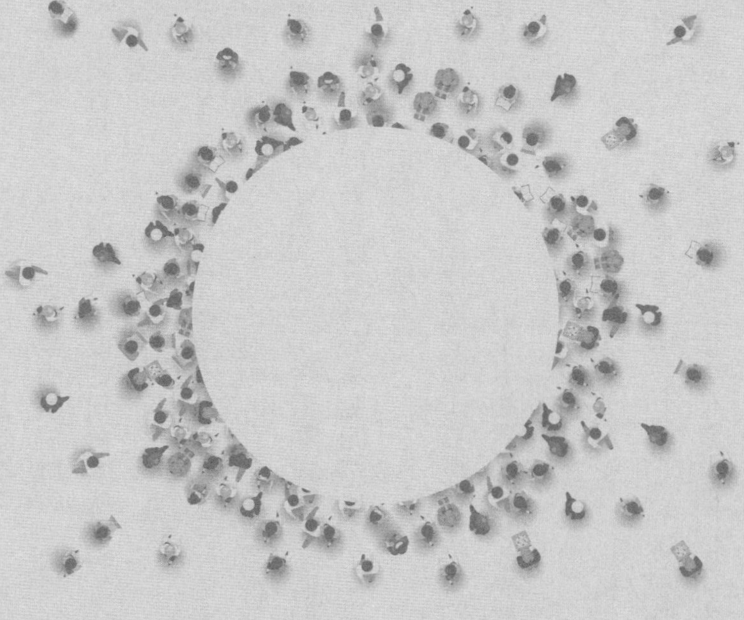

你可能已經猜到我很喜歡音樂節。節慶期間有數十個樂團在戶外表演好幾天，活動的現場總是擠滿成千上萬的人，大多是像我這種陶醉在幾天幾夜現場音樂的熱情粉絲！我能在一天之內趕上五到十場表演，有時候會聽到一、兩首我喜歡的老歌，或聽到新人歌手的新歌，最重要的是我能和同樣喜愛音樂的朋友聚在一起。

幾年前，我參加了舊金山舉行的 Outside Lands 音樂節，聖文森（St. Vincent）* 的表演讓我感到特別興奮。雖然在此之前，我從沒看過她的現場表演，不過她的音樂讓我覺得很對味。Outside Lands 音樂節跟其他大型音樂節一樣，都有好幾個舞台，各個舞台的演出時間都互相配合，所以當某個舞台在為演出做準備時，附近的舞台就已經有樂團開始演奏了。樂迷只要從一個舞台走到另一個舞台，就能「無縫接軌」地聽到音樂。

在聖文森做好前置作業之前，我早到了一個多小時，周圍已經有幾十名鐵粉在場。一小時之後，人潮逐漸湧入。當鄰近舞台上的藝人結束演出時，台下數千名觀眾湧向我要看聖文森表演的地方。

聖文森的這場演出和以往的演出評價一樣好，也和 YouTube 上的剪輯影片一樣精采。她的白色吉他與她自己、她的女貝斯手安田東子（Toko Yasuda）身上所穿的黑色基調服裝形成鮮明對比。音樂混合了有趣的電子樂風舞曲，和節奏強烈的搖滾吉他獨奏曲。她與安田東子屢次展現出獨特的編舞風格，包括兩人跳著相同的細碎舞步，同時在整首曲子中保持上半身不動。

此時，驚奇的事情發生了。

在台下只有一分鐘，就讓一場表演爆紅

聖文森從舞台的階梯走下來，在我面前彈了一段吉他獨奏曲。哇！她離我超級近，我都能伸手碰到她的吉他了。我在整個場地中最好的位置用 iPhone 拍照，甚至比攝影師的位置更好，真是棒極了。我周圍的觀眾也幸運地捕捉到這一刻，而攝影師卻只能拍攝到聖文森肩後群眾的臉。在我看過的數百場現場表演中，那一刻真叫人難以忘懷，而且我周圍的觀眾個個眉開眼笑，相信他們也跟我有一樣的感受。

即使是媒體業的攝影師也樂在其中，因為他們能捕捉到一位傑出的藝人親近忠實粉絲的場景，其中有許多粉絲都是提前一個小時到現場等著觀看她的表演。聖文森**在台下與我們聚在一起的時間只有一分鐘左右，然後就回到舞台上。但這一小段時光是很值得紀念的一刻**

＊ 亦稱安妮・克拉克（Annie Clark），為美國創作歌手兼音樂製作人。

啊！我輕觸幾下手機螢幕，在推特和 Instagram 分享我拍得最好的照片後，很快就有一大堆朋友在照片底下留言，好多人都說很羨慕我。現在想起來真有意思！

我回家後，查看了一下有關 Outside Lands 音樂節的評論，發現聖文森走進觀眾席這件事是為期三天的音樂節中，在主流媒體和社群媒體最受矚目的話題之一！更確切地說，《滾石》（*Rolling Stone*）雜誌在文章〈二〇一五年 Outside Lands 音樂節：十大精采表演〉（Outside Lands 2015: 10 Standout Performances）中把聖文森列入榜單，並放上一張她與觀眾互動的照片。照片的中間有我耶！萬歲！

後來，我每次在企業團體演講談到粉絲力的執行方法時，都會跟聽眾分享這張照片的故事，並開玩笑地說我沒有亂編故事，這總能讓台下的聽眾哄堂大笑。事實證明，我是現場音樂怪傑！

聖文森的那場演出讓群眾欣喜若狂，不只獲得《滾石》雜誌的好評，許多人也在社群媒體分享相關資訊。這些人分享的背後動力很簡單，但往往在這個數位化的時代沒有受到重視：**拉近彼此的互動距離**。

突然間，我發覺到這就是我需要更詳細研究的要素。浮現在我腦海中的想法是：你做自己熱愛的事，能引導你踏進粉絲圈，而當你把這種滿腔的熱情分享給與別人時，就有機會創造出非凡的組織——粉絲力。

我把這樣的概念帶到演說內容中，結果引起廣大的正面迴響。人人都喜歡分享自己的經歷，那麼有什麼地方比在辦公室更適合開始做這件事呢？一般人最常在工作的場合分享自己放假、週末或前一晚去哪裡玩。與人分享自己經歷過的事情，能讓彼此產生有溫度的情感交集。在適當的情況下，你可以把喜歡的樂團、戲劇、歌劇或遊戲推薦給別人，而你熱情分享的態度可能會讓他們對本來不感興趣的事物產生好奇心喔。

親近程度決定你與人維繫關係的方式

是什麼推動了人與人之間的聯繫呢？為什麼拉近彼此的互動距離能產生巨大的影響力？文化人類學家愛德華・霍爾（Edward T. Hall）能回答這些問題。

霍爾博士以簡單的方式定義了人類如何運用空間。他在一九五〇年代擔任美國國務院第四點培訓計畫（Point Four Training Program）的負責人，任務是教導工作上需要與外國往來的技師和行政人員如何有效進行跨文化交流。

他在一九六六年寫過《不為人知的空間》（*The Hidden Dimension*），書中描述一般人保持各種空間界限的方式，以及這種方式如何影響人與人之間在各種情況下產生的聯繫，例如與同事互動的關係、城市的設計方式。

如果我們希望溝通過程更有效，就得學習怎麼主動管理自己與他人之間的物理空間。**這不單純是離得近或離得遠的問題，也不代表彼此的距離愈近愈好，而是要能預測和管理不同親近程度的重要意義，才能達到理想的互動結果。**霍爾把「公共距離」定義為：一個人與他人相距十二英尺（約三．六公尺）以上，在這個距離範圍之外的人，都沒有明確的互動關係。

另外，他將「社交距離」定義為熟人之間四英尺（約一．二公尺）到十二英尺的互動距離，而「私人距離」則是與好朋友或家人之間大約一．五英尺（約四十五公分）到四英尺的互動距離，至於「親密距離」是指擁抱、觸碰或小聲交談的近距離接觸。

在一般人的生活中，最具有意義的互動關係往往發生在社交空間和私人空間。在運動比賽觀眾席或在星巴克坐得很靠近的人，以及在電影院排隊或在現場音樂表演中站得很靠近的人，算得上有交集嗎？沒錯，他們都是處在彼此的社交空間，因此空間內的每個人都會自然感受到樂觀和安全的人際關係。

圈粉法則

人與人之間的親近度與擁有共同的情感密切相關，且會對我們的事業表現產生巨大的影響力。

尼克・摩根（Nick Morgan）博士說：「幸虧有神經科學，霍爾博士的重要研究才能讓我們了解到，在任何情況下，只要人類聚在同一個物理空間，即使看不到對方，潛意識也會追蹤到空間裡的其他人位置。」摩根是公共發言（Public Words）溝通顧問公司的董事長，著有《關鍵力量：領導團體、說服他人與增強個人影響力的微妙科學》（*Power Cues: The Subtle Science of Leading Groups, Persuading Others, and Maximizing Your Personal Impact*）。

摩根致力於研究人類互相影響的方式，這與粉絲圈文化形成和發展的過程很相似，讓我們了解到人際關係的建立對每個人有多麼重要。

「人類都會需要與朋友聚在一起，所謂的朋友就是能讓我們有安全感的人，而擁有朋友會讓我們有歸屬感，也會使我們想要分享自己的情感，」摩根說，**「當人類處在社交空間或私人空間時，最快樂的感受往往都是因為與其他人相處，而且會一起產生某種情緒。我們會**

一起笑，也會一起哭。這就是為什麼即使在現代，許多人明明可以選擇更科技化、更近、更清楚、更舒適的方式，在家裡用超大電視螢幕觀看足球比賽，卻還是選擇親自到足球場看比賽。他們想要體驗共同的情感和興奮所引起的激動情緒。在四種空間區域中離自己愈近，例如從公共空間到社交空間、從社交空間到私人空間，共同擁有的情感就愈強烈。這種群體分享的情感對人類十分重要，但許多堅信人性有個人主義傾向的人，反而誤解和低估了這種情感的重要性。」

比起獨處，人類更需要與他人聚在一起。

記住摩根教導我們的概念：你與其他人愈親近，你們共同擁有的情感就愈強烈。拉近彼此距離的意義並非只是求方便或實用性，而是交流過程中所產生的情感意義。生而為人，我們對平時親近的人會產生更強烈的情緒反應。彼此相隔十二英尺、四英尺，或者一．五英尺，所產生的情感含義各不相同。

粉絲並不是因為深思熟慮後的理智決定才開始關注某件事物，而是受到自身的熱情、情感和樂趣影響。無論你賴以為生的行業是什麼，如果你希望能成功擁有專屬的粉絲圈，或者你需要推銷產品或服務，那就要想出能發展和培養人際關係的獨創方法。

切記縮短互動距離的重要性，因為親近感能使你更了解如何吸引並留住那些對產品或服務感興趣的潛在粉絲。

星巴克，靠網路無法提供的價值享譽國際

現在看來，星巴克的常客都在享受他們的飲品，也在使用免費的無線網路。這真是個方便與人見面的好地方，座位很舒適，而且有足夠的停車位。常見的星巴克場景是約莫十幾個互不相識的人分開坐，但與鄰座的人很靠近。

在我們對社群網路大失所望的同時，星巴克的收益報告顯示銷售額從二〇一五年的一百九十一億美元，增長到二〇一八年的二百四十七億美元，也就是在短短三年內增長了將近三〇%。這是怎麼辦到的？

我們認為，**星巴克的賣點是，讓氣味相投的人享有近距離的親近感**。

舉個例子，有一次我和一位企業家約在星巴克，我們談完事情後，她想繼續待在星巴克，只因為她覺得跟同樣是隻身一人的客人待在一起很自在。雖然表面上看起來很平常，不足為奇，但這個行為其實反映出很重要的意義。簡單來說，我遇到的這名女性以及許多想法跟她一樣的人，都選擇在星巴克之類的地方辦公，而不是獨自一人在家工作。

這個數位化世界所欠缺的關鍵要素，以及星巴克能蓬勃發展的原因，都在於這個許多人沒有注意到的寶貴價值，這些人也包括和我一起在 Outside Lands 音樂節看聖文森表演的粉絲。忽略親近感的社群網路是無法提供這種價值的。**在現實中直接與人產生聯繫，對每個人**

都很重要。

音樂節就像能快速召集到志同道合的人的城市，大家能互相靠近，一起感受同樣的音樂。在等待演出開始之前，大家會自然的形成一個社群，紛紛與周遭的人打開話匣子，瞬間能打成一片，因為在場的人都有共同的興趣，彼此交談順利又自然，感覺就像跟認識很久的老朋友在一塊兒。有人問：「你之前看過聖文森的表演嗎？感覺怎麼樣？」其他人也會加入話題：「今天還有沒有不錯的表演？」或者問：「你明天會去看誰的表演？」

現場音樂的產業欣欣向榮，一點也不會讓人感到意外。當唱片的銷售量不斷下滑，串流媒體的收益也有下降的趨勢時，大型國際現場表演娛樂公司 Live Nation Entertainment 卻成功經營了演唱會的促銷活動、場地與售票，公司的營收在過去十年穩定攀升，從二〇〇七年的每年三十六億美元增長到二〇一七年的每年一百多億美元。

圈粉法則

面對面的互動方式能提升你的幸福感與使命感。

同樣的，星巴克的高階主管也在遍布全球的兩萬四千家店積極培養員工之間的親近感。公司甚至告訴投資人：「我們對優質咖啡、真誠服務和社群關係的熱情，很明顯超越了語言和文化的隔閡。」星巴克的賣點不單單是咖啡而已，其成功的祕訣是讓氣味相投的人享有舒適又安全的親近感。

根據我的觀察（以及我維護粉絲圈的經歷），我發現人人渴望從世上得到的基本需求就是：與興趣相近的人聚在一起。我們可以從那些受到音樂節、星巴克吸引的人身上，了解到人與人之間不用語言表達的親密交流方式有多麼重要，這是各種粉絲圈都需要具備的基本要素，無論我們身在世上任何地方都適用。演唱會上的美妙音樂確實很吸引人，但更重要的是，你有機會在熟悉的環境中與朋友聚在一起。動漫展也能讓你有機會遇到成千上萬名興趣相投的粉絲，這些人聚在一起往往表現得大方又熱情。

在艱鉅的體力競賽中，例如最強泥人賽（Tough Mudder）和斯巴達障礙賽（Spartan Race），參賽者經常強調比賽過程中的友誼很重要。即使參賽者在攀繩時感到痛苦，只要知道附近也有參賽者在努力做同樣的事，就會怡然自得。

比起討論的書籍內容，參加讀書會的人更喜歡結伴的感覺。當你遇到樂心助人的銷售員，他們提供的客製化購物體驗能使你心情愉悅，這種體驗甚至比你買到的衣服更可貴。

沒有行銷的魔術師，累積觀眾超過五十萬人

我坐在樂天紐約皇宮酒店的會客室後排，看著號稱「富豪的魔術師」史蒂夫・科恩（Steve Cohen）表演密室魔術秀（Chamber Magic）。他的表演重現了鍍金時代*具有曼哈頓特色的上流社會娛樂活動。展示廳有歷史上著名的畫作和鍍金天花板，看起來就像是十九世紀的美麗會客廳。科恩穿著燕尾服，而賓客穿著高雅的酒會禮服。我坐在那裡，腦海中浮現的畫面是莫札特在維也納的宮殿為幾十個人演奏。

密室魔術秀是已經舉辦了二十年的週末表演。科恩的觀眾多半是透過粉絲推薦、社群媒體宣傳或主流媒體的報導，才知道他的表演。舉個例子，科恩在二〇一七年十月進行第五千場表演時，市長比爾・白思豪（Bill de Blasio）在紐約市正式宣布這一天是「密室魔術日」（Chamber Magic Day），讓那些從沒聽過科恩魔術的人產生興趣。

會客室有四排座位，每排坐十六人，一共有六十四名賓客。每一排座位兩端的倒數四把椅子都是呈「V」型的角度，整排座位就像一半的六邊形，所以每位賓客都能面向科恩，不需要轉動身體。坐在前排的賓客距離科恩二・五英尺（約七十六公分）。第二排的座位也離科恩很近，但第三排和第四排的座位至少有十二英尺的距離。

換句話說，從第三排開始算起的賓客，都位在科恩的公共空間。他們離他不夠近，無法

產生直接的情感聯繫。不過，科恩巧妙地解決了這個問題。他在表演中的幾個環節，讓坐在第三排的賓客參與魔術。有一次，他走向一名男子，遞給他一副紙牌，請他示範魔術的戲法。科恩表演魔術時，也好幾次邀請我和其他同樣坐在後排的賓客到前面去，站在他身邊檢查他的動作。

演出期間的每一個魔術把戲，都有賓客直接參與，有時候參與的人數多達十幾位。科恩多次找人幫忙，藉由走向觀眾的方式拉近彼此的距離。身為台下的觀眾，我感覺自己是這場表演的一分子，因為我跟所有人一樣，都有機會在特定的時機進入科恩的私人空間，更何況我坐在後排！

科恩刻意在表演中營造親近感，讓觀眾產生情感上的共鳴，因此能與粉絲建立具有感染力的關係，也讓他這二十年來維持傲人的成就。我有機會站在科恩的身邊，及時回應他的「請求」，實在是很奇妙的體驗。太好玩了！我很快就感受到自己是表演過程中的一分子。當時，我與科恩產生情感上的共鳴，多年後的今天依然如此。

一般來說，我們看電影、舞蹈表演、音樂會或脫口秀等典型的舞台表演時，通常都會位於表演者的「公共空間」，也就是相距十二英尺以上。神經科學家表示，在這樣的距離下，

＊大約從一八七〇年至一九〇〇年，為美國南北戰爭和進步時代之間的時期，也是美國財富突飛猛進時期。

人類的潛意識不會追蹤空間裡的其他人，所以無法判斷對方是朋友還是敵人。彼此離得那麼遠，就無法產生或感受到個人的情感聯繫。

公共距離的定義是至少十二英尺，實際上很常在大型舞台表演見到一百英尺（約三十公尺）以上的情況。在日常生活的其他情境中，例如到公園散步，我們的公共空間裡可能會出現很多人，但他們大約離我們幾百或幾千英尺遠，我們的潛意識根本不會特別關注他們。由此可見，我們與相隔不到十二英尺遠的人共享體驗，是具有特殊意義的。

無論你是藝人、執行長、企業家、經理、政治家、教師、父母、配偶、朋友，或任何需要與人密切往來的角色，建立粉絲圈的條件都包括：設法與粉絲保持十二英尺內的距離，哪怕只維持幾分鐘的互動也無妨。科恩深切明白這一點。所有人都需要了解這個課題。

「我會留意哪些人還沒有與我互動，」科恩說，「然後，我直接請他們站在我身邊，盯緊我的動作，並告訴他們已經待在全場視野最好的位置了。我和賓客離得這麼近，其實會讓變魔術的難度提高，但我應付得了。」

科恩仔細評估每種把戲，以確定能增加與觀眾近距離互動的機會。他最近發現在一套固定的動作流程中，有時候他無法進入賓客的私人距離。「有一個把戲是我跟三個人借婚戒，把婚戒串成一條鏈子，」他說，「然後我請賓客確認戒指都串連在一起了。我自己當然可以輕易解開戒指，但這樣魔術就結束了。所以，我改成找賓客來拆解，請他把手伸進我的拳頭拉動看看，確認戒指還沒有被解開。接著，我要求他想著『釋放』這個詞，讓他再試著拉動戒指，戒指就會落在他的手裡了。

我讓賓客站在旁邊變魔術，這個看起來微不足道的改變，讓體驗過程變得耳目一新，因為賓客會記得是他們自己解開了戒指。這種體驗會變成他們的閒聊話題，例如他們週一上班時，會跟同事說：『我在魔術師旁邊把戒指解開了。』或『你知道誰掀起帽子之後，就變出超級大的磚塊嗎？是我耶！』」

科恩密切關注賓客在貓途鷹和 Yelp 等評論網站上寫的評價，尋找經常出現或相似的言論。他發現多數人使用「互動」和「親密」的字眼，因此他確信自己鼓勵觀眾參與魔術表演的方式受到認同。

「我沒有編列行銷預算，」科恩說，「來看表演的人數已經累計超過五十萬了，有些人是聽媒體的推薦，但大部分人都是透過認識的人介紹來的。我覺得主要不是魔術吸引他們，而是他們有機會體驗魔術。」

顯然，科恩的表演**處處優先考量到觀眾**。他全心專注在讓每位賓客都有接近他的難得機會。表演結束之前，**每個人多多少少都參與了到魔術**。

那真是一個難忘的夜晚，看著他用紙牌示意表演結束後，全體觀眾不約而同地起身熱烈鼓掌。那一刻，我在這批觀眾當中成了永遠支持史蒂夫．科恩的粉絲。

面臨破產的露營車產業，如何起死回生？

在社交空間或私人空間與性情相投的人相處至關重要。對你的組織而言，這是你與市場保持交流的基礎。你必須設法讓顧客**聚集在一起**，他們才不會錯過「與意氣相投的人保持十二英尺距離以內」的難得機會。

> **圈粉法則**
> 人際往來一直是人類的基本需求，而同理心是構成忠實粉絲力的基本要素。

這就是整體露營車產業一直在做的事，齊心協力吸引年輕車迷加入露營車的旅行生活。以下是露營車產業的發展過程：

二〇〇八年開始的經濟衰退時期，對露營車產業造成極其嚴重的打擊。二〇〇七年，有三十八萬五千輛新的露營車在美國售出，但到了二〇〇八年，銷售量銳減至二十萬輛左右。

許多製造商都破產了，形勢變得很危急。

露營車產業協會（RVIA）發起一項稱為「開露營車趴趴走」（Go RVing）的宣傳計畫。這項計畫藉由富有創意的方式提高意識，吸引更多粉絲加入露營車的旅行生活。依據車輛大小的不同，每個加入會員的製造商都要支付三十五美元至一百五十美元不等，為每一輛售出的露營車放上RVIA標章。當消費者向經銷商購買一輛新的露營車，RVIA標章的費用就會列在發票上，而標章會貼在露營車的側邊。

RVIA每年把一千萬到一千五百萬美元的收益投資到「開露營車趴趴走」宣傳計畫。他們架設了網站「GoRVing.com」，並在《國家地理》雜誌等平面媒體打廣告。RVIA為了吸引年輕的消費族群，把目標鎖定在臉書、Instagram 等社群網路的用戶，以及其他能吸引潛在顧客的網路。

二〇一七年，他們花在數位廣告的開銷比平面媒體、電視還多——這是他們第一次這麼做。他們放在廣告中的圖像，都展現出一群群年輕露營者自得其樂的神情。無論使用哪一種媒體打廣告，他們的宣傳活動都是把焦點放在露營能帶來的愉快人際關係、樂趣與友誼。

「我們建議大家帶家人去露營，」新英格蘭露營車經銷商協會（RV Dealers Association）常務董事鮑伯・扎加米（Bob Zagami）說，「在現代的社會，很多人都已經不和鄰居打交道了，更別提跟隔壁鄰居說話了。他們上班時也很少跟同事說話。這種現象是把自己和需要來往的對象隔離開來。

但如果你是去露營，跟你一起露營的人不會介意你是誰。在他們的眼裡，你就只是一個想到戶外活動、喜歡大自然、喜歡陪伴親朋好友的人而已。等你把車開到露營區，小朋友就會自己去找樂子了，而且很快就會認識六個新朋友。接下來的幾個小時，他們會跑來跑去、邋鞦韆、找事做打發時間。等到他們準備回到營地時，他們也知道要去哪裡找你。

意思就是說，小朋友在露營區裡有安全感，也與大人產生情感上的共鳴。你能安心坐下來，開心的和另一半聊天，因為你知道孩子很安全，也知道孩子在別處玩得很愉快。幾個小時後，你就認識了來露營的其他人，因為你們會順道打招呼。此時，你已經感受到彼此的情感聯繫。」

在嬰兒潮世代出生的人比較習慣和家人一起露營，而且隨著他們的年齡漸漸增長，傳統的露營區依然很適合他們。然而，千禧世代卻很喜歡和十到二十個人成團露營。

「新一代的露營車愛好者已經開始建立社群網路了，」扎加米說，「他們對露營的想法很隨興，也很有包容性。比如說，他們透過臉書和推特把朋友分別加到不同活動類別的群組，然後發布訊息說：『週六早上去露營，大概早上九點去某某地方，有人要跟嗎？』不久之後，就湊到二十個人了。他們召集到志同道合的夥伴後，剛好能利用一輛或數輛露營車一起從事喜愛的活動。這和我們以前露營的方式比起來，的確是驚人的轉變。」

多數人一想到露營，可能會聯想到在戶外健行、釣魚或親近野生動物。傳統上，這些確實是向露營者推銷產品與服務的重點。但ＲＶＩＡ和其他組織進行的研究顯示：**露營能帶來社交層面的好處，對人極其重要**。露營之所以是一種愉快的體驗，是因為你可以進入其他露營者的社交空間。

美國營地協會（ＫＯＡ）贊助的《北美洲露營報告》（*North American Camping Report*）是一項針對露營者進行的年度調查，曾經指出有超過一半的受訪者表示想更常參加露營活動，主要原因是**他們希望花更多時間陪伴家人和朋友**。

坐在火堆旁，與家人、好朋友和剛認識的人靠在一起講故事，是多麼美妙的事啊。長時間的露營讓大家比平常靠得更近，並且以獨特的方式維繫彼此的感情。露營的核心價值就是粉絲圈。

千禧世代非常喜歡和朋友一起體驗活動帶來的樂趣，於是露營成了一種理想的團體活動，這些人也變成露營車產業成長的新主力。整體來看，千禧世代占成年人口的三一％，但占露營者的三八％，可見這些年輕的露營者更熱中於露營活動。

二〇一八年的《北美洲露營報告》指出，有五一％千禧世代表示打算在下一年參與更多露營活動。年輕的露營者傾向於召集更多人成團露營，通常是十人以上，他們也表示十之八九會尋找能容納更多人的露營場所。

不找模特宣傳，拍出人際故事就能吸引同好

ＫＯＡ董事長托比．奧洛克（Toby O'Rourke）說：「露營區的基本特色就是社交：你們參與活動，晚上圍坐在篝火旁，互相結為朋友，只因機緣巧合聚在同一個地方。」ＫＯＡ有五百多個據點，是北美洲規模最大、最完善的營地體系。

奧洛克繼續說：「你在飯店時，通常不會跟大廳裡的陌生人講話。但露營不一樣，你們晚上會在營地散步、一起探索周遭的環境、分享啤酒、聊起其他人停泊在附近的大型新貨車、與同行的狗狗玩耍或分享彼此的故事。自從我加入ＫＯＡ，就一直把露營區當作美國絕無僅有的小鎮，因為這裡是能讓人真正放鬆的社交環境。」

露營活動除了有「陪伴親朋好友」的優點，露營區也是一個安全的社交環境，能讓素不相識但有共同愛好的人增加親近感——從公共距離跨越到社交距離。所以，露營象徵著粉絲文化，能帶給所有參與者更重要的情感意義。

奧洛克表示露營區需要逐漸迎合千禧世代的露營模式，他們比較喜歡和人數多的群體一起露營，所以ＫＯＡ已經融入更多能吸引他們的素材。現在有許多ＫＯＡ據點提供廣受歡迎的方案，能讓人數多的團體把大約六個帳篷區或露營車專用區，合併成一個附設團體用餐區、公用火爐的場地。這項方案非常適合熱愛露營的千禧世代。

KOA為了向千禧世代宣傳，專注在有助於提升場地預約率的社群媒體行銷，並特地使用照片宣傳露營相關的人際關係故事。

「我們的研究顯示千禧世代習慣找一大堆朋友成團露營，所以我們拍了很多歡樂的團體照片，」奧洛克說，「但我們是找真正喜歡露營的人拍照，從來沒有特別請模特兒入鏡，好幾年來一直都是這樣做。我們平常在露營區走動時，就會順便問露營的人：『哈囉，我幫你們拍幾張照片好嗎？』我們拍的都是一群人在自然環境中露營的畫面。」

我們陸陸續續採訪了從事露營車產業的人，他們都提到露營讓人們聚在一起、認識興趣相投的朋友的重要性。露營車的旅行生活確實能帶來近距離的親近感，再加上業者更加了解、也願意配合各個年齡階段的露營愛好者展現的不同露營方式，於是整體產業產生了顯著的成果。

從二〇〇八年二十萬輛露營車的慘淡銷售量，到二〇一七年在美國售出五十萬四千輛新露營車，比經濟衰退時期前售出的三十八萬五千輛，多了將近十二萬輛。這些露營車包括深受千禧世代喜愛的小型露營拖車（沒有衛浴設備）、要價高達一百萬美元的四十五英尺（約一三・七公尺）大型露營車（燃料為柴油）。

「產業的成長速度很驚人，」扎加米說，「我們運送露營車的速度根本跟不上。好多製造商都累積了一堆六到九個月還沒有出貨的訂單，需要招聘更多人手。」

藉著促進人們維繫關係的方式，就能聚集、建立並發展粉絲圈，這對一個產業而言，算是很了不起的成果了。

所有組織都可以實現親近顧客的構想，打造專屬的粉絲圈，進而創造出真正的粉絲力。

善待顧客與產品，就算成本高，客人也會買單

喬許．莫瑞（Josh Murray）住在澳洲維多利亞省馬其頓山脈區域的科瑞（Kerrie）小鎮農場，他的例行工作包括照顧二十四隻不同品種的母雞。二〇〇九年，喬許才九歲時，母親注意到他很喜歡照顧母雞，於是提出賣雞蛋可以賺取利潤的建議。喬許欣然同意這個主意，於是開始蒐集雞蛋，並挨家挨戶地向鄰居推銷一打四美元的雞蛋。

喬許漸漸擴增雞群，不久後就開始利用週末到當地的菜市場賣雞蛋。「我一個早上就可以在蘭斯菲爾德市場賣出四十打雞蛋，連我自己都很驚訝，」他說，「每隔幾個月，媽媽會把孵化出來的小母雞交給我，我就會有更多雞蛋。馬其頓山脈的市集有很多客人，我每個禮拜六都會去市場賣雞蛋，除了蘭斯菲爾德市場，還有伍登市場、里德爾市場和凱恩頓市場。」

在接下來的幾年，喬許決定學習怎麼讓運作流程更專業化，第一步就是先確立公司名稱

和蛋盒上的商標。他說「喬許的彩虹蛋」這個名稱的靈感來自於一個朋友，那位朋友打開一盒雞蛋，看到裡面的十二顆蛋中有藍綠色的阿拉卡那雞蛋，還有棕色、白色和粉紅色的蛋，然後說道：「你有彩虹蛋耶。」

此時，喬許已經有一千兩百多隻母雞，也僱人協助他工作。直到他開始在澳洲當地生產蔬果的最大型市場拉馬那超級市場（LaManna Direct）推銷「喬許的彩虹蛋」，他的事業如日中天，已經擁有一萬平方公尺（約三千零二十五坪）的零售空間。他必須和其他雞蛋品牌競爭貨架空間和顧客的注意力，挑戰經營一家真正的企業。此時他已經十二歲了，還經常在週末到拉馬那超級市場發傳單給顧客，並與顧客聊聊他的雞蛋。

雖然喬許年紀輕輕，卻表現得像一位精明幹練的企業家！二〇一四年，喬許正值十四歲，他和母親在高士超市（Coles Supermarkets）的總公司與國內採購經理會面。高士超市在澳洲經營了大約八百家超市。

「我們詢問高士超市能不能在當地的據點銷售我們的雞蛋，沒想到經理非常贊成，馬上就答應了，」喬許說，「現在我們的雞蛋在七家高士超市販賣，另外也在三家沃爾沃斯超市販賣。我們的雞蛋幾乎出現在馬其頓山脈的每一家超市，以及墨爾本市的許多超市。」

直到二〇一七年，十七歲的喬許每週在墨爾本地區的商店出售九千打雞蛋。就各方面而言，他把事業經營得非常成功。不過，即便他在別的地方能更容易把雞蛋賣出去，但他依然每個月會到菜市場一次。

雞蛋對多數人來說是一種商品，喬許面臨的挑戰是：他的商品成本比其他雞蛋供應商的成本高很多。他的放養方式是每公頃只有一千五百隻母雞，但其他農場在同樣面積的土地上，通常有更多隻母雞。這意味著他必須把雞蛋的零售價格提高到一打七美元，而其他競爭對手的售價只有四美元。為什麼顧客要多花三美元買「喬許的彩虹蛋」呢？喬許是怎麼拉攏忠實的擁護者，讓顧客願意加入他的粉絲圈呢？

從喬許九歲開始做生意時，他總是親自與顧客見面。起初，他推銷雞蛋的方式是挨家挨戶的拜訪鄰居，也就是說，他在每次的邂逅只離鄰居不到四英尺，鄰居也很樂於見到這位年輕的創業家。

幾年後，他把銷售目標轉向菜市場，又有機會與顧客保持四英尺以內的私人距離了。現在，雖然他每週都能賣出幾千打雞蛋，但他還是堅持花點時間到超市賣雞蛋，在現場與粉絲直接互動。

圈粉法則

加入粉絲圈能讓你與他人共享情感上的聯繫，這是每個人與生俱來的本能。

多年來，喬許每週直接與顧客交談的經驗使他明白：人們願意多付些錢支持慈善的經營方式。他把自己賣的雞蛋稱為「道德雞蛋」，因為他養的雞都是真正的放養雞。「顧客都知道我們善待雞，」他說，「有愈來愈多人意識到，即使有些雞是在自由放養的農場長大，牠們的活動範圍其實很小，生活條件很差。我們耗費的成本很高，但我們盡心盡力做正確的事——為了自己、為了顧客、為了雞，也為了零售商。」

「道德雞蛋」不只是「喬許的彩虹蛋」的品牌主張，也是一種做生意的態度。喬許很樂於分享自己飼養雞的方式。在澳洲，許多競爭對手採取遊走法律邊緣的策略，應付所謂的合法「自由放養」，但喬許願意付出更多心力，也**大方地與顧客分享放養的細節**。

「有人願意花七美元買我的雞蛋，代表他們選擇捨棄比較划算的四美元雞蛋。我們的顧客都對照顧雞的流程很感興趣，他們好像也對我這個人、我的想法和我的事業很感興趣。」

慈善、公開透明的經營方式對喬許的生意有加分作用。不過，直接與數以千計的顧客交流，才是他成功的關鍵因素。他與眾多顧客維持著私人距離，這樣的舉措讓他在十幾歲時就贏得粉絲，使他的事業漸漸擴展成大型組織。

「我對雞和顧客都很友善。」喬許說道。

喬許願意向粉絲學習、傾聽粉絲的心聲，因此成功塑造了忠心耿耿的粉絲力。

利用鏡像反射作用，無論離多遠也覺得離很近

本章探討了近距離的人際關係在發展粉絲圈方面的重要性。人們去現場音樂會不只為了看表演，也為了與其他興趣相投的人近距離接觸。史蒂夫．科恩讓每位觀眾在表演中，都有直接與他建立互動關係的機會，促使觀眾樂於和朋友分享美妙的體驗，因此奠定了成功的魔術表演事業。他已經演出了五千多場魔術秀，不再需要打廣告。

我們也探討了整體露營車產業在十年之內，藉由引起人們對組團露營的興趣，讓新型露營車的市場占有率增加一倍。此外，我們採訪了一位十幾歲的雞蛋創業家，他靠著親自與顧客打交道的方法，取得了顯著的成就。

事實是，對附近的人產生反應是人類的天性。人類的演化使得潛意識能追蹤周遭的人，以便快速判斷對方是善是惡。由於這種本能的影響力很大，當我們與許多不認識的人靠得很近時，比如在地鐵的月台，我們的警覺性就會變高。我們不得不做出反應，因為這是人類與生俱來的天性。只要出現任何構成威脅的跡象，我們的反應就是準備逃跑或戰鬥。

不過，當我們接近信任的人，人際關係的情感就會在心中滋長。能培養這種親近感的人，通常與顧客保持十二英尺以內的社交距離，或四英尺以內的私人距離，因此能創造穩固的情感聯繫，組成粉絲圈。

那麼，無法直接與每位粉絲建立人際關係的企業或藝人，該怎麼達到同樣的成功效果呢？事實上，如果你在數千人面前表演，或有數百萬名消費者使用你的產品，你還是可以運用情感聯繫的力量。即使是在社群媒體、影片、電視或遙遠的舞台上，我們的潛意識也能透過「鏡像神經元」對看到的畫面產生反應，感覺上就好像是自己的經歷一樣。

鏡像神經元是大腦前運動皮質和下頂葉的一群細胞，這些細胞的有趣特點是：不只在我們執行某些動作時，例如啃蘋果、微笑或靠近我們喜歡相處的人時，會產生活化的反應，也在我們觀察別人執行相同動作時受到刺激。當我們周圍的人都很開心、面帶微笑時，潛意識會暗示我們處於開心的狀態，所以我們通常也會跟著露出笑容。當我們參加搖滾演唱會時，鏡像神經元會根據表演者在台上做的事、觀眾在台下做的事，產生相對應的反應。

我每年都要在台上進行好幾十場演講，聽眾往往有一千多人。我不可能像史蒂夫・科恩那樣邀請每個人到台上來，讓他們進入我的私人空間。但事實證明，人類看到別人有某種經歷時，會把它當成自己的經歷。

我每次演講時，會特地從講台走下來，然後走到聽眾席，找幾個人進行幾次互動。我刻意只進入少數聽眾的私人空間，因為其他聽眾會受到大腦鏡像神經元的影響，自然而然地感受到我的存在。

我之前見過的尼克・摩根博士表示，鏡像神經元的活化反應就像石頭掉進池塘後泛起的漣漪。他說：「你與一、兩位觀眾交流，就能讓全體觀眾感受、體會和產生同樣的情感。只要你走向特定的觀眾後，發問、徵求意見、站在某位觀眾旁邊、與少數觀眾握手或互動，其他觀眾也會覺得好像與你產生了互動，整個場面的氣氛會突然變得熟悉自在。」

圈粉法則

顧客看到你與其他顧客互動時，會覺得自己也與你產生了互動。

當你坐在朋友對面吃飯，你會不自覺地模仿朋友的動作，例如：朋友伸手拿一杯葡酒，你可能會伸手拿餐巾紙；朋友往左邊看的時候，你也會不由自主地朝同一個方向看，因為大腦中負責控制眼球運動的鏡像神經元正在運作。哈！誰能說得準？

我們對這個概念很感興趣，並想進一步了解，所以找來了馬可・亞科波尼（Marco Iacoboni），他是精神醫學與生物行為科學教授，也在加利福尼亞大學洛杉磯分校的阿曼森–羅維列斯大腦定位中心擔任跨顱磁刺激（TMS）實驗室主任，著有《天生愛學樣：發現鏡像神經元》（*Mirroring People: The Science of Empathy and How We Connect with Others*）。

他和我們分享了這個有趣的概念：「這種根深柢固的觀念是兩個人互動時，實際上是兩個獨立的個體，不過人類的演化選擇了進化我們的大腦，而進化後的大腦運用逆向操作的手法，克服了兩人之間的分歧，尤其是面對面交流。鏡像神經元的作用就是促進自我與其他人建立的關係，使兩人變得像一枚硬幣的兩面。這會讓我們與他人建立一種很微妙的人際關係，這種關係在互動的過程中深植於我們的體內。」

哇！原來「鏡像反射作用」不只適用在你對面的人，也適用在離你很遠的對象，例如我演講時需要面對的台下聽眾，或螢幕上出現的虛擬人物，這些都是能刺激大腦的重要反應。鏡像反射作用有助於解釋社群媒體的積極面與消極面。

我們可以透過別人在臉書展現的形象，以及在 Instagram 發布的照片產生感情。大腦會暗示我們，有些人分享的照片或影片讓我們產生親近感。也許這就是為什麼在社群網路上發布有人物的照片和影片，往往比那些只有文字的貼文帶來更熱絡的社交互動，也比缺乏人物特寫的照片和影片吸引更多人按讚、分享。

「社群媒體常常有鏡像反射作用的現象，促進人與人之間互相理解，」亞科波尼說，「譬如我看到你在社群網路發布新的動態消息，尤其是在 Instagram 或臉書這類的虛擬網路，我的大腦會觸發各種想像的過程，試著從更人性化的角度來理解你這個人，而不是只憑你說的話作判斷。然而，社群媒體缺乏直接面對面的交流，人們無法感受到美妙的情感聯繫，所以很容易對別人產生敵意。」

我非常熱愛現場音樂，也一直在研究鏡像反射作用的科學會怎麼解讀我超愛去演唱會的原因。亞科波尼說的話讓我想起幾年前，我在滾石樂團（The Rolling Stones）的表演現場離舞台有好幾十排座位的距離，當時米克．傑格（Mick Jagger）和一位離我很遠的幸運歌迷擊掌，我感到興奮不已！亞科波尼說的沒錯，我大腦中的鏡像神經元讓我產生與傑格擊掌的錯覺。那一幕在整場表演中讓我留下深刻的印象！

鏡像神經元能讓人不自覺地與螢幕上和舞台上的演員、藝人和演講者產生情感聯繫，也有助於解讀為什麼許多人覺得自己「認識」某些電影明星和電視名人。大腦會暗示我們，能進入那些名流的私人空間，是因為我們從近距離的螢幕看到他們，導致我們產生一種親近他們的感覺。這就是粉絲為什麼會對欣賞的表演者之相關報導、雜誌文章和採訪產生很大反應的原因。

「藝人無法接近觀眾席的每一個人，」亞科波尼說：「但他們只需要接近少數聽眾，就能讓坐在前方與坐在後方的觀眾產生連結在一起的情感。觀眾會自行『腦補』自己和藝人之間在距離和空間方面的缺漏。我們看表演時，之所以能想像音樂家在演奏音樂，並與音樂家產生共鳴，全是拜鏡像神經元所賜。所以，如果藝人想再進一步提升人氣，就需要由下而上分析粉絲的特色與喜好，接著再用由上而下的策略，調整自己的言行舉止來達到引導粉絲的目的。」

理解鏡像神經元能讓我們記住人類的重要本能——大腦的運作始終都在幫助我們應對周遭的世界。我們無法自行決定要不要啟動鏡像神經元，因為鏡像反射作用是我們固有的能力。沒有人能控制大腦的反應方式。

對於音樂家、演說家、教師、政治家或其他經常在舞台上一展長才的人來說，鏡像神經元的存在意味著：在台上表現的過程中，主動邀請觀眾進入自己的私人空間後，就能與在場的觀眾建立更密切的關係。

他們可以多次走進觀眾席，也可以詢問觀眾幾個問題，並根據觀眾舉手回答的情況，評估得到回應的比例。他們也可以靠近一、兩位舉手發問的觀眾，走進觀眾的私人空間，或讓回答問題的觀眾手持麥克風，請觀眾針對剛剛的回答，做進一步詳細說明。

每當你需要做簡報時，這些簡單的小動作都能幫助你用很自然的方式進入幾十個人的社交空間，以及少數人的私人空間。假如你有機會站在一大群觀眾面前，而且你同時被投影到大螢幕上，那麼坐在後方三十排或五十排的觀眾也能看得到你與前方觀眾的互動，他們的鏡像神經元也會在大腦接收刺激，就好像你直接跟他們對話了一樣。

深入了解鏡像神經元可以幫助你發展組織的粉絲圈；了解你的觀眾，以及了解他們的需求與愛好，可以幫助你創造專屬的粉絲力。

一起自拍，圈粉只要幾秒鐘

艾倫．狄珍妮（Ellen DeGeneres）二〇一四年主持奧斯卡金像獎的頒獎典禮電視直播時，布萊德利．庫柏（Bradley Cooper）和一群知名的演員合拍了一張自拍照，狄珍妮直接在推特帳號「@TheEllenShow」發表這張照片的推文。這張照片為盛大的場合增添了有趣又即時的獨特性。

演員在照片裡擺的姿勢與平時的形象很不搭，而且這不是狗仔隊拍的照片，照片裡只有狄珍妮、庫柏、傑瑞德・雷托（Jared Leto）、珍妮佛・勞倫斯（Jennifer Lawrence）、梅莉・史翠普（Meryl Streep）、查寧・塔圖（Channing Tatum）、茱莉亞・羅勃茲（Julia Roberts）、布萊德・彼特（Brad Pitt）、露琵塔・尼詠歐（Lupita Nyong'o）與安潔莉娜・裘莉（Angelina Jolie），他們就像一般人一樣擠進大合照。自拍捕捉到的這一刻，讓這些演員顯得更有人情味，因為他們的名氣總是讓一般人覺得有距離感；但這個時候他們突然看起來變得平易近人又很真實。

後來那張照片很受粉絲歡迎，推特的伺服器因此當機了大約二十分鐘。在奧斯卡金像獎頒獎典禮的現場直播結束之前，那張照片變成「轉推」最多次的推文。事隔多年，我們現在寫這本書時，那張自拍照已經累計二十二萬一千六百九十四則回覆、三百三十九萬六百七十九次轉推、兩百三十八萬三千七百八十四個讚。

有沒有其他更具說服力的理由，能解釋這麼多人被這一刻吸引呢？

與另一個人或幾個人一起自拍，是進入其他人私人空間的難得機會，彼此的距離不到一・五英尺。除非你們的關係很親密，否則平常在社交場合很少有機會離別人這麼近。人多的電梯是另一個例子，雖然電梯是一個適當的近距離社交空間，但我相信多數人都認為在電梯裡找陌生人一起自拍會很不自在。（嗯，也許只有第一次這麼做時會有點尷尬吧……）

兩人以上的自拍照具有特殊的意義，因為他們的身體在自拍時，都會朝同一個方向。他們的頭通常很靠近，臉部也面對同一個方向。此時，他們處在親密的空間裡，因為必須為了擠進鏡頭而把頭挨近。這種方向一致的拍照姿勢就像他們在「攜手合作」，有力地展現出彼此都有共同目標，縱使只在彈指之間。

有些人認為自拍是無聊又幼稚的行為，但這是過於保守的想法。其實，自拍能有效又直接地表達情感。想想看，兩個互不信任的人保持一．五英尺的距離，每次見面時都可能覺得很難堪或倍感威脅。反過來說，兩個以上的人面向同一個方向時，比如都看著前面的鏡頭，他們都會欣然接受這種近距離的接觸。看似不起眼的自拍過程，卻能突破彼此親近的障礙！自拍不但讓人有安全感，也是令人愉快的拍照方式。

主動邀請名人一起自拍，是一種既隨意又不會冒犯到名人的親近方式。多年前，向名人要簽名也有同樣的作用。開口請求一起自拍，讓我們有機會短暫接近自己欣賞的體育偶像、作家、演員，或可能會當選下一屆美國總統的人。

詢問名人願不願意一起自拍是很簡單的事，因為最壞的情況就是名人拒絕你而已。就算你被拒絕，也總比沒有試過來得好。名人答應你，算你賺到；名人拒絕你，你一點兒損失也沒有。

自拍照可以當作永久的回憶錄或紀念品。像我就很喜歡和遇到的人一起自拍，多年前我和太空人尼爾・阿姆斯壯（Neil Armstrong）一起自拍過，他是第一個踏上月球的人喔。

如果你經常被邀請一起擺姿勢自拍，我建議你：帶著愉快的心情自拍！每當你和另一個人自拍，那個人很容易就會成為長期支持你的粉絲。

我曾經有機會和一位總統候選人一起自拍，我發現她有絕妙的辦法可以滿足許多像我這樣耐心等著合照的人的請求。她會借用對方的智慧型手機，找到理想的拍照角度後，拍下幾張照片，然後把手機還給對方。她很熟悉智慧型手機的操作介面，自拍的速度驚人，大概一個人七秒鐘，比緊張的粉絲摸索手機的時間還短。

那麼，這位自拍技巧如此嫻熟的人是誰呢？

正是希拉蕊・柯林頓。

我請教希拉蕊對自拍的想法，她說這些年來她已經親自拍了好幾萬張自拍照，所以她不但能更有效率地與公眾互動，還能讓支持者在社群網路分享有她入鏡的自拍照，例如支持者會發文寫道：「希拉蕊・柯林頓親自拍了這張照片喔！」這種建立粉絲圈的技巧輕鬆有趣，也讓我感到欽佩。

在臉書等社群網路與朋友互動，以及與實際坐在身旁的人互動，其實各有各的好處。現代人的生活彷彿一場巨大的社會實驗，使用行動裝置固然有社交的局限性，效用卻很顯著。

你現在就可以開始縮短你與他人之間的互動距離，並且試著與那些你平常接觸不到的人創造親近感，藉此發展你的粉絲圈。要玩得開心點喔！

第5章

放下你的創作，
鼓勵二創、三創……

——玲子

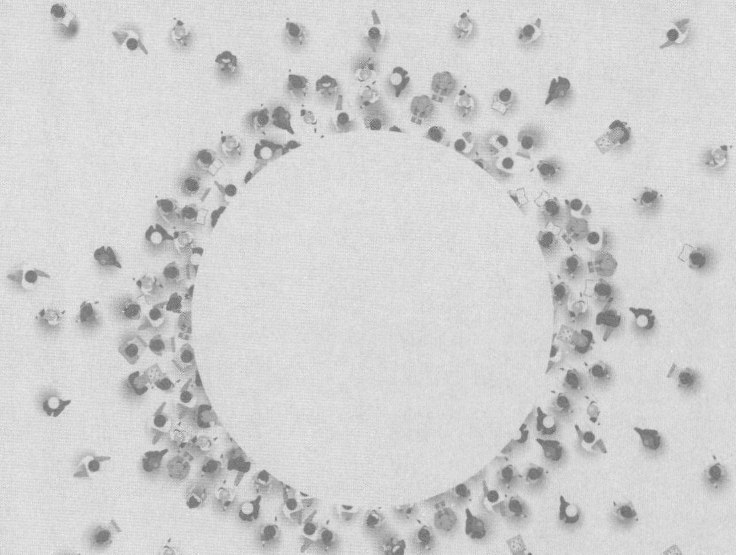

我在曼哈頓雀兒喜街區的改建倉庫發現了一片森林。當我從走廊望向茂密的樹叢，一團詭異的霧氣瀰漫開來，遮蔽了我的視線。就在藍色月光般的陰影那邊，我察覺到了動靜。有一個人影從另一頭的走廊入口注視著我。在他消失前的一瞬間，我看到了他的面具，然後我又獨自留在樹叢裡了。

在這個夢幻般的地方，我深吸一口氣，沉浸在寂靜當中。我一動也不動地站著，直到我聽到背後傳來陣陣響亮的音樂，才覺得該繼續前進了。我轉過身，深入探索這個能刺激觸覺、嗅覺和聽覺的古怪迷宮。

《夜未眠》（*Sleep No More*）是一部將莎士比亞的《馬克白》改編成一九三〇年代場景的沉浸式戲劇。英國劇團 Punchdrunk 把稱作「McKittrick 飯店」* 的五層樓改造成森林、墓地、私人臥室、公共商店、避難所和舞廳。整座大樓的表演都是同步進行，觀眾戴上面具後，可以自行選擇追隨不同的演員去觀看故事發展。故事從開始到結束，固定在表演時段重複演三遍，所以每一位觀眾都可以從不同的視角觀看同一個場面，或在不同樓層發現故事情節的其他脈絡，也可以選擇探索其他神祕的房間。

那天晚上，表演進行到一半時，我跟隨著一個步履蹣跚、匆匆下樓的角色。他彷彿跳著失控的舞步，一下子上樓兩步，一下子又下樓四步。接著，他突然像一隻獵犬般嗅出某種氣味，一溜煙地往前衝，我只好跟在他後面跑。

他在演哪一個角色呢？班柯（Banquo）？麥克德夫（Macduff）？我跟著他衝往最後一扇門，進入一間燈光昏暗的房間時，還在努力從《馬克白》相關的散亂記憶中尋找答案。

我進到房間後，停下了腳步。這裡被布置得像宴會廳，天花板很高，有足夠的空間容納許多客人。我跟隨的那位演員走上階梯，到舞台的一張桌子旁邊坐下來，面對著台下的人群。我這才想起自己還在看一場戲，不是在做夢；在舞台上的人是演員，而在我周圍戴著面具的一排排人群是我那一晚頻頻見到的觀眾。

突然間，我看懂了眼前的場景。《馬克白》最精采的部分以及劇情的每一個脈絡，都漸漸引導我進入故事結尾。但問題是這部戲劇演第一遍時，我一定是錯過了某個場景。我會這麼想是因為有些場景已經出現過兩次了，可是不知道怎麼回事，我在探索劇情的過程中錯過了進入結局之前的重要轉折點——馬克白之死。我怎麼會錯過這個部分呢？我還錯過哪些場景呢？我原本在腦海中精心安排好的情節，頓時分崩離析。

---

* 廢棄倉庫改建的劇院。

滿足人的心理需求，擄獲粉絲輕而易舉

此時，我才明白自己還想繼續體驗這部戲劇，就像我在百老匯看過的許多戲劇一樣，從頭到尾都不容錯過任何細節，可是《夜未眠》的品味方式完全不一樣。我在紐約觀賞這部戲劇時，周遭也有其他觀眾，我們可以自由走動、互動和探索。似乎有跟不完的場景，總是有更多等著我們探索的劇情！

我忽然意識到自己在看表演時，太過執著於尋找詮釋故事的唯一答案，但這麼做根本行不通。有太多的線索和新發現了。我離開演出故事結尾的宴會廳時，完全沒有感覺到一般劇終帶來的解脫心情，反而覺得很開心能再重新體驗一遍故事。

觀眾散開後，故事又重頭開始演了，我準備追隨飾演其他角色的演員。我知道當晚體驗表演的方式有好幾種，也依然把《夜未眠》當成原著《馬克白》來看待。我在那裡從不同的視角觀看這部戲劇，也很高興能找到新的詮釋方式。

《夜未眠》鼓勵觀眾善用求知欲，塑造出自己的體驗，也就是深入探索他們認為有趣、神祕或美麗的部分。整場表演都沒有忽略觀眾的存在，也沒有試圖假裝觀眾不在現場觀看並參與故事的創作。當我發現自己沒有看到完整的劇情，一點也不覺得被這部作品背叛，因為我不必以特定的方式欣賞故事。所有觀眾都能因為好奇心而得到收穫，同時思考、詮釋和選

擇接下來要尋找哪一個場景。

《夜未眠》的成功凸顯了一個許多創作者忽略的獨特理念：**從一部作品可以獲得不同面向的體驗**。每個場景都不一樣，也提供不同的線索供觀眾解開整部作品的謎團。體驗過程的本質是期待觀眾回過頭尋找更多資訊，並且反覆思考、找別人討論，再以全新的視角重新探索和審視故事。這場表演就像遊樂場，而不是一個單純敘述故事始末的靜態商品。

再者，《夜未眠》背後的創作者了解觀眾的想法。他們仔細觀察觀眾在這部戲劇遇到的各種體驗後，對劇情有更深刻的理解，因此能夠把作品提升到另一個層次。他們說的沒錯，故事情節變得複雜多了。

我剛走進「McKittrick 飯店」時，原本以為會看到淺顯易懂的戲劇表演，不過當我看完表演要離開時，心中充滿了疑問和想法，並且驚嘆不已。相比之下，我離開表演現場時的心情，比剛開始看表演還要興奮哪。

一件藝術作品在另一件作品上激發出靈感的火花，可不是微不足道的事。我想聊聊看到的橋段以及我沒有注意到的部分。也想把以前讀過的《馬克白》與剛看完的表演進行對照，並思考我對這部歷史悠久的戲劇有沒有不同的看法。我希望能找別人交流想法。《夜未眠》的成功之處在於能滿足觀眾的這些心理需求，創作者也願意深入研究不同觀眾掌握到的知識基礎，因此他們能「擄獲」觀眾的心。

不管我們為什麼事付出努力，諸如需要創意、專業或兩者兼具的事，我們都會為了獲得好評而進行個人、心理層面的投資。以一般人的私生活為例，通常把履歷表寄給潛在的雇主後，不少人會焦急地等待錄取結果，或在撰寫電子郵件時，花費好幾個小時試著讓字裡行間散發出的自信與謙遜取得平衡，因為我們希望工作進展順利。

從更廣的角度來看，許多公司投入大量時間在會議室進行討論，目的是集思廣益，找出改善顧客服務與推出新產品的理想方法。品質改善計畫、行銷策略、細心的第一線員工——這些都是確保我們創作的產品能在世界上屹立不搖的寶貴條件，不過負責構思這些條件的創作者可能會忽略現實面，那就是：他們需要考量到產品如何在現實世界中長存、廣受歡迎以及讓世人願意體驗。

在有關產品開發的會議上，大家討論的內容通常不偏離「理想的消費者」，例如：廣告中面帶微笑的金髮女孩看起來很喜歡眼前的新洋娃娃，或相貌粗獷的工匠使用電動工具製作家具。但是，辦公室裡的人實際上都沒見過誰真的在使用這項新產品，以及使用產品的方式。還有一種常見的情況是，站在台上說話的人不會走到聽眾席徵詢回饋，也不會近距離觀察聽眾的反應。

根據市場調查估計，大部分購買青年小說的讀者，是年紀比預定銷售對象大很多的成年人。此外，雖然在針對男性設計的電玩遊戲行銷活動中，女性玩家被視為少數特例，但實際上美國的玩家性別比例幾乎是各占一半，因為女性占電子遊戲人數的四五%。

其他例子還包括金融公司推銷退休投資服務計畫的方式，他們的目標客戶通常是上了年紀的夫婦，廣告中往往出現這種老套的形象：一對快樂、健康、白髮蒼蒼的五十多歲夫婦投入某些退休後的休閒活動，比如騎登山車或健行。這一類的廣告似乎顯得年輕人、單身族都不懂得為退休生活存錢。

因此，在公司裡負責產品的相關人員絕不能與外界隔絕，否則他們會忽略其他潛在顧客的需求，例如不知道有多少成年人在閱讀青年小說，也不曉得有多不勝數的女性平時會接觸電玩遊戲，此外也不清楚年輕人、單身族或ＬＧＢＴ（女同性戀者、男同性戀者、雙性戀者與跨性別者）儲蓄與規劃未來財務目標的人數多寡。

如此一來，他們就錯過了數百萬甚或數千萬名粉絲了。

即使有專門設計用來讓公司與顧客保持聯繫的制度，有些重要的溝通機會還是遭到忽視了。許多公司的服務專線、意見信箱都著重在應付可能「把事情鬧大」的消費者，步調是一次處理一個案件。在這個過程當中，許多人都在互相交談，但他們並沒有把談論內容傳達給公司裡真正能善加處理情報的人員。雖然有許多人參與軟體測試與初步檢視，能帶來值得討論的意見，但這些人的想法通常不能代表之後真正使用產品的終端客戶。

為什麼有建設性的見解這麼難傳達到公司高層呢？只要想想決策與繁文縟節需要經過多

少個不同層級的部門審核，就能了解粉絲（讀者、用戶或消費者）對產品和服務的回饋受到多大的干擾。真正關心產品的那些心聲，往往在遇到公關的制式回應時，就化為泡影了。

不把粉絲放眼裡的經典案例

電腦軟體公司 Adobe Systems 犯了忽視粉絲的錯誤。我用他們的照片編輯軟體來創造視覺藝術已經很多年了，也經常在網路上尋找一些藝術家分享的訣竅，例如圖層使用技巧、各種筆刷工具、能與 Photoshop 搭配使用的繪圖板。

有一天，我在搜尋繪圖軟體的小技巧時，無意間看到一位藝術家在部落格嘲笑 Adobe 的網站。我點進他提供的連結後，看到 Adobe 官網的一個頁面，上頭詳細說明了如何使用有註冊商標的「Photoshop」這個名稱。Adobe 商標是針對有行銷用途的企業所設計，不過網頁上的說明讀起來很像高中文法老師糾正學生的口吻。以下是該網頁的部分說明，你不妨思考一下有沒有更好的做法。

商標不是動詞。

正確用法：這個圖像是使用 Adobe® Photoshop® 軟體修圖。
錯誤用法：這是P過的圖。

商標不能用作俚語。
正確用法：那些把運用 Adobe® Photoshop® 軟體設計圖像當成嗜好的人，通常也把自己的創作當成一種藝術形式。
錯誤用法：那些愛玩 PS 的人都把P圖嗜好當成一種藝術形式。
錯誤用法：我的嗜好是玩 PS。

商標不能用所有格表示。
正確用法：Adobe® Photoshop® 軟體增加了一些新功能，實在太棒了。
錯誤用法：Photoshop 的新功能實在太棒了。

我忍不住捧腹大笑！字裡行間顯得和那些為了使用軟體而支付數百美元的粉絲多麼疏離啊。更何況，有許多粉絲也會在部落格撰寫或讀到類似的內容，就像我上網搜尋資料發現的頁面一樣。每一句「錯誤用法」聽起來都像是 Adobe Photoshop 軟體的粉絲口吻，而每一句

「正確用法」聽起來都像是機器人說的話。

問題不只出在語氣，還有展現出居高臨下的態度。這是一種組織管理嚴密的保守做法，沒有費心去了解粉絲使用軟體的方式。為什麼他們不懂得善用談論過自家產品的眾多藝術家和設計師人脈，聽取這些人的意見，再詢問一些問題、開啟對話呢？

圈粉法則

有些公司太過於專注在告訴顧客如何使用產品，反而看不見粉絲為公司成功塑造的文化。

《夜未眠》與紐約的其他戲劇不同的地方，並不是只讓觀眾在不斷轉換的表演場景走動，而是讓在一旁觀賞戲劇的人對故事鋪陳發揮重要的作用，讓他們試著從不同的角度詮釋這則故事。演員也會根據觀眾的動向和舉止做出反應，細心觀察每個人看待故事展開的多元視角。

這種自由的體驗加深了我對這部戲劇的感受。我不但深入了解自己觀看戲劇的方式，也更理解了莎士比亞傳達的訊息。這部作品一步一步引導觀眾思考，卻不曾左右觀眾的思路。

圈粉法則

要先了解自己的作品對粉絲有什麼意義，才有辦法更理解作品傳達的涵義。

無論是個人創作還是專業創作，任何類型的創作都需要從多元觀點審視，才能產生獨到的見解。

同人小說，粉絲二創的文化

我是同人小說作家，這一點讓我感到自豪。我從小就對網路世界非常著迷。AO3作品庫（Archive of Our Own）是全球最大的同人小說託管網站之一，目前已經為兩萬五千個以上的粉絲圈，儲存了三百萬件以上的作品。粉絲可以在網站上發文、評論和分享其他粉絲撰寫的作品。

這個由粉絲經營的網站就像一個同人小說圖書館，任何人都可以依據不同的粉絲圈、作品類型、評等或其他數百個類別來搜尋想看的故事。我超級喜歡《哈利波特》（*Harry Potter*），噢，找到了！我可以從這個網站找到無數有關《哈利波特》的故事，讓自己流連在霍格華茲魔法暨巫術學院。我還可以從女主角妙麗的觀點重溫第一集的故事，或讀到哈利畢業之後到哪裡去了。

然後，我開始自己寫故事，專心編織著魔法體系的運作方式，以及故事中的角色能擊敗佛地魔的各種方式。我寫的一則故事後來發展成一部長篇小說，這是第七集的衍生創作，但不包括跩哥．馬份在鳳凰會變成與佛地魔作對的間諜。

我心裡想著：「要是……會怎麼樣呢？」只要有鍵盤在身邊，我的靈感就會源源不絕。

然而，別人問起我週末都在做什麼事，我總是含糊其詞地帶過留在大學宿舍不停打字的事實。「寫作。」我這麼回答，因為每次我進一步解釋後，別人都會一臉茫然地盯著我，反應也很冷淡。

有些作者認為同人小說不足掛齒，甚至質疑同人小說會對他們的職涯不利。有太多冥頑不靈的創作者試圖控制粉絲的想法，甚至有些創作者會貶低那些大膽改造原創而產生互動關係的讀者。《吸血鬼紀事》（*The Vampire Chronicles*）的作者安．萊絲（Anne Rice）說：「我一想到自己創造的角色出現在同人小說中，整個人就很火大。」她要求所有針對她的作品撰寫的同人小說從網路平台 fanfiction.net 撤除。

另一位奇幻小說作家羅蘋．荷布（Robin Hobb）寫道：「我目前讀過的每一個同人小說……都很刻意改寫作者的精心之作，只為了滿足同人作家本身的怪癖，」她接著表示：「他們這樣做不是在吹捧，簡直就是一種侮辱。」

還有一些很微妙的情況是創作者會為了「澄清事實」而評論自己的作品，藉此干涉粉絲的思路。《哈利波特》系列小說完結後，作者 J．K．羅琳（J. K. Rowling）在一場著名的採訪中，宣稱筆下的角色鄧不利多是同性戀。「如果我知道大家會欣然接受這一點的話，我早就在幾年前宣布了！」她說道。

不過，奇妙的是她沒有在自己寫的書中明顯刻劃鄧不利多出櫃。我也看不出有任何線索能讓讀者認同這個角色的設定。反倒是她辯解的說詞看起來比書裡的文字更有影響力。

我耗費好幾年的時間潛心研究虛構人物的內心世界，有時候這讓我覺得左右為難，因為我不想讓現實生活中的朋友知道我在寫什麼內容，只好使用筆名在網路上的論壇寫作。這樣做很奇怪嗎？網路上的社群有數百萬人都這樣做，可見有許多人都跟我有共同的愛好。

粉絲「腦補」，突破漫畫的界限

二〇一七年，賈維茨中心（Javits Center）的紐約動漫展（New York Comic Con）熙熙攘攘，各個攤位到處擠滿了人潮，還有穿著戲服的粉絲不斷穿梭在人群中。我排隊等著見一位仰慕許久的創作者恩格茲．烏卡祖（Ngozi Ukazu），我很欣賞她的文筆和插畫作品，也很欣賞她善於在粉絲圈的多樣化互動模式中展現自己的風格。

她創作的網路漫畫《冰球少年》（*Check, Please!*）是有關一名還在讀大學的冰球運動員艾瑞克．比特（Eric Bittle），隊友都叫他比蒂（Bitty）。他很喜歡烤餡餅，打冰球時最害怕遇到攔阻。他多年來與團隊的感情愈來愈深厚，同時磨練了自己在冰上活動的技能。過程中，他也漸漸愛上隊長傑克。

這套網路漫畫可能不如那些一上市就暢銷的讀物，但是第二集紙本漫畫在 Kickstarter 募資平台籌集到有史以來最多的漫畫資金。她發起的募資活動在第一個小時就籌措了十萬美元以上，最後一共有二十五萬美元以上的籌款。此外，她在 Patreon 群眾募資網站上的訂閱平台，也有超過一千五百名積極參與的贊助人。美國出版商 First Second Books 後來找她簽下兩集《冰球少年》漫畫的出版合約。於是，她的第一本實體書在二〇一八年出版了。

我那天在動漫展排隊，只不過是在人山人海當中等著見她的一個粉絲。

為什麼這部漫畫的人氣這麼高呢？烏卡祖似乎找到了理想的平衡點，能讓她一邊與粉絲圈互動，一邊讓漫畫的人氣爆棚。她創造出能激起我們這一代好奇心的故事——充斥著LGBT角色、有色人種*、精神病患者、空洞的戀情和幽默的哏。她也樂意傾聽別人的意見，了解自己的作品能激發他人的創造力，因此她持續鼓勵粉絲發揮想像力。

烏卡祖採用多媒體的方式創作以及與粉絲互動。她在自己的網站上發布漫畫，同時在微網誌社群網路平台湯博樂（Tumblr）回覆粉絲的留言和更新文章，還在推特開設虛擬的比蒂帳戶，持續更新漫畫的動態時報。粉絲可以到這些平台與她發布的內容進行互動，包括轉發、轉推或留言。

烏卡祖在《娛樂週刊》（*Entertainment Weekly*）的採訪中表示：「故事的後續發展和讀者積極的互動，使這部網路漫畫的故事鋪陳別有風味，也讓粉絲覺得比蒂好像是真實存在的人物。」她用互動的方式慢慢鋪敘感人的故事，使得《冰球少年》的粉絲圈迅速擴展。

AO3作品庫已經有六千多件作品，並且還在不斷增加新作品，而Tumblr、推特等平台也不斷出現新的創作和同人作品。

當我排到隊伍的最前面，終於有機會和她交談時，我真切感受到她在作品和粉絲圈散播

---

* 不被視為白人的其他種族，包括非裔美國人、亞裔美國人等。

了發自內心的喜悅。我拿出素描本請她簽名，她樂得眉開眼笑。然後她不太熟練地處理現金，因為攤位上只有她一個人，她必須身兼作者和經紀人的雙重角色。

不過，排在後面的人看起來都不介意她分別和每位粉絲相處幾分鐘的時間，因為大家都相信很快就會輪到自己和她互動了。她給我的印象是和藹可親又落落大方。

「妳希望我畫誰呢？」她拿起馬克筆問道。

我請她畫我最喜歡的角色肯特（Kent），然後她一邊畫畫，一邊跟我聊學校和東北部的生活。

好幾年來，烏卡祖一直保持著好奇心，在大會上與像我這樣的粉絲見面、互動，以及在網路上與粉絲交流。因此，她很了解粉絲的好惡。藉著與粉絲交談，她發現了一些以前沒有考慮過的事。

她樂於傾聽，然後憑自己的理解產生獨到的看法。當她遇到難題時，也能迅速應變。結果，她創造出更理想的產品，她和粉絲都很自豪能參與其中。經由共同的興趣來建立關係，她終於成功創造了屬於自己的粉絲力。

烏卡祖在創作《冰球少年》的過程中，很鼓勵粉絲圈發揮二次創作的能力，這一點相當出眾。她非常歡迎粉絲積極參與她的想像空間，即使同人作品改造了她原本在漫畫中表現的內容，她也表示大力支持。

她能深入了解粉絲圈的運作方式，是因為她很熟悉粉絲根據她的漫畫所創造的不同作品，而且她很喜歡跟粉絲討論故事中的隱藏版情節，也就是**腦補**。

《冰球少年》的粉絲圈之所以能持續擴張，是因為粉絲都能盡情發揮二次創作的能力。

烏卡祖向 Den of Geek 媒體公司透露，自己花了很長的時間與粉絲圈培養「有益健康的關係」，她表示：「我給創作者的良心建議就是**不要去干涉粉絲圈。要學會欣賞粉絲圈做的事，不要想著怎麼控制他們。至於讀者，我的建議是要了解腦補的內容不代表經典，故事和人物都是創作者的心血結晶。簡單來說就是這樣。只要有一方試圖掌控另一方，彼此的關係就會開始惡化。**」

所有人際關係都是如此，不是嗎？

用平行宇宙的手法改造老作品

同人小說比許多人想像的還要普遍。也許你最近就看過或讀過類似的同人作品。以下是一些你可能熟知的例子。

《艾尼亞斯記》（*The Aeneid*）是詩人維吉爾（Virgil）所寫的荷馬史詩同人小說，取材於《伊利亞特》（*The Iliad*）中的次要角色，用以補充故事情節。許多現代同人小說也是運用同樣的手法——把觀眾不太了解的某個角色放進故事，利用文籍證例和想像力來擴展故事的背景。

就像維吉爾在詩中引用《伊利亞特》和《奧德賽》（*The Odyssey*）一樣，很多作者也經常小心地把喜歡的角色融入經典之作或原文。例如，如果有人想寫電視劇《白宮風雲》（*The West Wing*）的同人小說，可能會在看完這部連續劇之後，多著墨在喬許・萊曼（Josh Lyman）的生活。

接著，我們來談談神話好了。但丁寫的長詩《神曲》以第一人稱記述自己的旅途故事，他描述自己在途中遇到詩人維吉爾的靈魂後，維吉爾帶他到陰間。現代的作家也有運用這種概念，例如史丹・李（Stan Lee）在漫威電影裡客串了一些小角色，以及拉里・大衛（Larry David）自編自演電視劇《人生如戲》（*Curb Your Enthusiasm*）。

音樂劇《西城故事》（*West Side Story*）的情節是發生在莎士比亞所著的《羅密歐與茱麗葉》（*Romeo and Juliet*）的現代版平行宇宙（alternative universe，粉絲圈通常以縮寫 AU 表示）中。《西城故事》也出現類似的家族仇恨、命運多舛的情人，只是城市景觀多了一些商店。

有各式各樣的電視劇情節都是發生在夏洛克・福爾摩斯（Sherlock Holmes）的現代版

平行宇宙，只是把亞瑟・柯南・道爾爵士（Arthur Conan Doyle）原著的維多利亞時代背景人物取走，包括英國 BBC 電視劇《新世紀福爾摩斯》（*Sherlock*）、美國 CBS 電視劇《福爾摩斯與華生》（*Elementary*）以及在福斯廣播公司首播的《怪醫豪斯》（*House*）。

粉絲圈內還可以看到其他平行宇宙的例子，涵蓋常見的咖啡店、歷史上的攝政時期、學院等。如果羅密歐和茱麗葉是因為使用手機社交應用程式 Tinder 才相遇，故事的發展會有什麼不同呢？在大學上物理課的夏洛克・福爾摩斯會是什麼樣子呢？

音樂劇《漢密爾頓》（*Hamilton*）是一部有關開國元勳的衍生創作，劇中由白人扮演有色人種的角色。有人批評這部榮獲普立茲獎的音樂劇與史實不符，實際上劇中的演員陣容與事件發生的時間順序，都是採取自由的呈現方式來詮釋美國歷史和當代的衝突。

亞歷山大・漢密爾頓（Alexander Hamilton）是在加勒比海出生的克里奧爾人，也是私生子，後來成為美國第一任財政部長。他的經歷反映出美國各地許多人的夢想。

《漢密爾頓》的演員陣容主要由有色人種組成，劇作家林—曼努爾・米蘭達（Lin-Manuel Miranda）藉此描繪漢密爾頓的故事，表現出美國依然持續深受移民前來奮鬥、圓美國夢*的影響。米蘭達喜歡運用歷史的元素，因為他對過去發生的事很感興趣，然後他再把

* 相信只要有努力不懈的奮鬥精神，就能在美國過上品質更好的生活，也就是人們必須透過勤奮工作、勇氣、創意和決心邁向富裕人生，而非依賴他人援助。

現代的複雜元素加以融入，進而改編歷史。

圈粉法則
如果你允許粉絲自由參與你創造的一部分世界，他們就能把你的創作帶到一個你意想不到的境界。

米蘭達的父母都來自波多黎各，他的兒時經歷塑造了他對美國歷史的看法，使他產生創作《漢密爾頓》的靈感。許多同人小說的作者也和米蘭達一樣，都是憑著個人經歷和信念來塑造自己對經典之作的理解，繼而發揮創意，包括評論、探索、分享自己的所見所聞，無論是透過由白人扮演有色人種角色的歷史故事，或借用其他角色到咖啡店傾訴煩惱。

當粉絲全心投入二次創作，並不代表他們能奪走創作者的權力，因為這不是零和賽局。反之，粉絲藉由改造作品和提升認知層次，能拓展原著的發揮空間、推動創作達到更高的層次，吸引更多人注意到創作者的作品。

粉絲圈分兩種：療癒系、顛覆系

在我還小的時候，父親曾帶我去看老爺車展覽。他有一輛翻新的一九七三年分荒原路華（Land Rover）88 III 系列硬頂車，我們有時候會在夏天一起洗車，直到這輛愛車恢復光澤，然後我們再開車到有幾十輛成排老舊卡車的地方。我當時六歲，騎在父親的肩膀上，跟著他四處看看其他車輛，聽他說明不同車款的相似處與差異，以及聽他介紹每一種車的歷史。

他很了解第二次世界大戰之後，荒原路華在英國的發展歷程。他也談到早期如何用鋁和鎂合金手工製作車體的模型。當時的鋼材供應有限，因此許多早期的車輛只塗上淺綠色，那是軍用剩餘的飛機駕駛艙塗料。很多時候，我都聽不懂他在說什麼，不過我很喜歡看著他和其他車主討論荒原路華的複雜細節。只要有人打開自己的車門邀請他觀看內部，他就不禁喜上眉梢，然後他也會邀請對方來看一看我們的車。

父親很喜歡荒原路華的中古車，包括細緻入微的歷史、翻新的細節，這些中古車能帶給他心靈上的慰藉，就像許多粉絲常說的流行語「很療癒」。雖然他感興趣的部分看起來都與荒原路華行銷部門關注的部分無關，卻經常與名稱、日期和數字這些細枝末節有關連。當這些車子在不同的展覽中接受眾人評估時，評估的標準囊括：精確的測評數據、原廠認證和翻新的車況。就像在博物館或私人收藏展一樣，粉絲也會小心翼翼地保存展示品。

「療癒系粉絲圈」能讓大多數的粉絲感到舒心自在，實際上更是各行各業的重要行銷手法，能體現出作品經年累月的知識資產與實體形式，例如收藏品、公仔、棒球卡、鉅細靡遺的自傳等，都能顯示出療癒系粉絲圈的特點。

另一方面，還有許多車迷很喜歡改造愛車。他們拆除原車的部分裝備，再重新組裝起來，打造出一輛與原本車型大不相同的改裝車。舉例來說，加利福尼亞州南部長期存在著改裝低駕車的社群，他們一般會拆解雪佛蘭（Chevrolet）的車，然後創造出酷炫的成品。

不過，這種汽車改裝的文化與雪佛蘭的品牌魅力無關，這就是所謂的「**顛覆系粉絲圈**」。粉絲從一件作品汲取靈感後，產生了創造新成品的動力，於是他們著手改造。就汽車的領域而言，他們的改造行動意味著組建和修改，但在其他領域也有多種呈現方式，諸如同人小說、粉絲繪圖、粉絲剪輯的影片、戲仿歌曲*等。

了解粉絲運用原始素材的不同方式，對任何企業都很重要。療癒系粉絲圈和顛覆性粉絲圈不相上下，各自都有不同的需求。**多數公司比較了解療癒系粉絲圈的運作方式，也傾向把行銷目標鎖定在療癒系粉絲圈，但如果能同時兼顧顛覆系粉絲圈，行銷的效益會顯著提升**。

你的作品不是你的作品

顛覆系的互動方式並不是新鮮事。羅蘭．巴特（Roland Barthes）是法國哲學家、語言學家和評論家，他在一九六七年寫過一篇標題為〈作者之死〉（The Death of the Author）的論文。（法文標題 *la mort de l'auteur* 雙關到 *Le morte d'Arthur*，指的是另一部文學類同人小說——托馬斯．馬洛禮〔Thomas Malory〕爵士所寫的亞瑟王傳奇故事。）

在這篇論文中，巴特反對當時多數人習慣把作者視為對話中心的評論模式。他主張文本的意義並非源自於作者，**一旦作品公諸於世，作者也就失去了對作品涵義的控制權了**，因為每位讀者的背景大不相同，他們會帶著各自的經歷去解讀作品。文本的意義取決於每個人閱讀後產生的不同反應。

另一位參與「讀者反應」運動的文學理論家史丹利．費許（Stanley Fish）進一步指出，一旦沒有讀者，文本就不存在。費許認為是**詮釋社群**（每位讀者的主觀體驗和影響）最終決定所有文本的解釋。

以《權力遊戲》（*Game of Thrones*）電視劇為例，觀眾也許包括女性主義理論家、對

---

* 亦稱諧仿歌曲，指借用其他歌曲製造嘲諷或惡搞的效果，屬於二次創作。

電腦成像（CGI）感興趣的人，或對西方奇幻史瞭若指掌、熟知亞瑟王傳奇故事和《魔戒》（*The Lord of the Rings*）的人，都能用截然不同的方式體會每集的內容。

話說回來，讀者可以根據自身的生活經歷，同時加入許多性質不同的社群，而這些社群也會持續產生變化。

文本的意義來自有影響力的連結，而非單一的靜態想法，比方說你可以從《權力遊戲》中的電腦成像和女性主義這兩方面來思考。我們能在粉絲圈盡情分享彼此從創作中理解到的意義，或互相分享獨特的分析方式，漸漸形成我們對一部經典作品的解讀體驗。

我們可以藉由同人作品，傳達自己與其他粉絲一起發掘的文本意義或詮釋過程，而這就是一種文學分析的敘事形式，就像林-曼努爾．米蘭達從移民和種族的視角，分享他解讀美國歷史的方式，以及沒什麼名氣的粉絲在AO3作品庫發表故事，從他們觀看世界的角度分享解讀方式。

互相分享的氛圍對每個人都有益處，因為我們會從不同人的視野看到許多風景，逐漸深入和調整我們對熱愛事物的見解。

舉凡《伊利亞特》、《馬克白》、科幻小說《科學怪人》等作品，同人小說與經過改造、重新編寫的文本之間有什麼區別呢？到底是故事傳達的意義比較重要，還是誰在講述故事比較重要？

在網路上發表同人小說的作者多半是女性。AO3作品庫在實施調查後，發現受訪者當中，有六%性別酷兒*，而男性只占四%。另一方面，專業創作者絕大多數是異性戀的白人男性。

二〇一六年，南加州大學安納伯格（USC Annenberg）傳播暨新聞學院進行了一項關於娛樂業多樣性的研究，調查了電影、電視節目和數位劇集的工作人員性別和種族，電影導演中有三・四%、電影編劇中有一〇・八%、有對話的角色中有三三・五%是女性。此外，只有七%的電影探討種族或民族的平權，比美國人口普查的實際平權比例一〇%還少。

同人小說社群中，有許多人無法從傳統媒體找到能代表自我身分的故事，於是他們開始自己寫故事。英國女演員諾瑪・杜馬薇（Noma Dumezweni）參演舞台劇《哈利波特——被詛咒的孩子》（*Harry Potter and the Cursed Child*）之前，早就有許多粉絲把《哈利波特》裡的妙麗・格蘭傑描繪成黑人。許多人寫同性戀愛情同人小說的動力，也包括了對「酷兒」戀情故事的渴望。粉絲圈是不少邊緣人能自在使用媒體的地方，而且他們能在圈內體驗到更愉快的微妙情感。

---

* 性別認同介於傳統定義上男性和女性表現之間（中性）、認同兩個以上性別（雙性別、三性別、泛性別）、認為自己沒有性別（非男性又非女性），或在兩個以上性別認同之間游移（流體性別）等。

當我們觀看的內容大多是從男性觀點出發時，網路社群就像是讓我們推翻這些文化敘事的宣洩管道。因此，我們也可以像林－曼努爾．米蘭達一樣，藉由欣賞的作品來創造出能反映自我觀點的作品。

圈粉法則

粉絲力的根基是所有粉絲的經歷，而不是局限在一位創作者的想像空間。

學會「放手」是一種在各行各業或專業領域塑造粉絲力的實用技巧，因為讓粉絲擁有部分的創作所有權，是宣傳產品的有效辦法。專業人士也能享受到前所未有的寶貴回饋——學會從其他迥然不同的人生角度審視自己的創作。

電玩銷量屢創新高的關鍵

電玩遊戲是一種很適合讓粉絲擁有部分所有權，也有助於建立社群的媒介。多人遊戲能促進團隊合作，而角色扮演遊戲能讓玩家深入了解自己的選擇，以及培養獨立性。遊戲的粉絲圈通常會隨著互相討論戰略、分享經驗而漸漸擴展，不過有些遊戲就沒辦法達到這種理想的效果。

在這個快速發展的產業中，遊戲玩法的種類與範圍甚廣，因此許多公司不斷想辦法長久吸引粉絲。可是有這麼多新遊戲接二連三地出現，要怎麼讓玩家變成死忠粉絲呢？

電玩遊戲開發商育碧（Ubisoft）的副總編輯湯米・弗朗索瓦（Tommy Francois）很了解這種粉絲與創作者之間變化多端的關係。育碧是美洲和歐洲第四大上市遊戲公司，從一九八六年在法國農村開創的小公司起步，銷售量一路攀升。

隨著《刺客教條》（*Assassin's Creed*）、《極地戰嚎》（*Far Cry*）、《波斯王子》（*Prince of Persia*）和《雷射超人》（*Rayman*）等知名遊戲的銷售量增加，公司市值超過了三十五億美元。

育碧也是最早拉攏遊戲粉絲社群的電玩遊戲開發商之一，這家公司認定遊戲粉絲是持續擁有特許經銷權的一大關鍵。弗朗索瓦解釋說，如果要在玩家和品牌之間建立積極的動態關係——包括市場行銷、溝通以及遊戲開發的細節，那麼就需要針對創作者這一端擬訂不同階段的計畫。

從二〇〇六年以來，弗朗索瓦持續負責開發新的特許經銷權、支援工作室的創作過程，並思考如何向新粉絲宣傳電玩遊戲的其他創新方法。他再三思考粉絲社群的影響力，以及遊戲公司引導粉絲體驗遊戲所發揮的作用——無論是在螢幕前或退出螢幕，該何時介入與提供幫助，以及何時讓粉絲創造自己的遊戲旅程。

目前育碧的許多遊戲都是開放世界的類型，意思就是玩家可以自由探索更廣闊的虛擬遊戲環境，也能自行選擇互動的遊戲對象，不再局限在單一的故事情節。

弗朗索瓦喜歡把這類遊戲形容為「混合運動搭配希臘神話」，也就是有一套可以用來編造故事的規則，並全面了解該時空背景下的經典作品與歷史。弗朗索瓦認為，玩家可以在遊戲設計師打造的模擬空間中，按照自己的意願操縱，而培養這種創造力是建立粉絲圈的重要條件。

「模擬空間是獨特的表達形式，這就是我們建造它的關鍵因素。我們願意放手讓粉絲掌控這個空間，」弗朗索瓦說，「粉絲以新穎、創新的方式使用模擬空間，能帶給我們驚喜，也充分證明了設計師不是唯一主宰遊戲的人。與其讓粉絲搞不懂設計師的思路，或找不到所謂的正確玩法，然後以為自己沒有玩某個遊戲的天分，倒不如讓遊戲的設計迎合粉絲的思路。」

如此一來，育碧粉絲從遊戲中獲得的成就感和親自體驗的感受，會讓他們想當面或在網路上和朋友多談論這些遊戲。遊戲系統已經讓分享這件事變得輕而易舉，現在 PlayStation 4、Xbox One 和 Switch 的搖桿上，都有連接到社群媒體的分享按鈕。

「炫耀戰績也算是玩家怪傑文化的一部分，」弗朗索瓦說，「有些人想分享破關攻略，是因為他們覺得自己是很獨特、有創意又善於解決問題的高手。」

許多粉絲在 YouTube 發布影片，或在推特發表成功的事蹟，是因為他們想宣傳自己的才能，以及分享達成目標的感受。這種現象不只出現在電玩遊戲的領域，在其他產業也很普遍。比方說，有些人會把自己按照食譜烘烤的三層蛋糕拍下來，然後上傳到 Instagram，或把智慧型手錶記錄跑完五公里的優異表現傳給朋友看。

每天都有許多人分享自己的小成就（當然也有人分享自己失敗的經驗，像我就是個不擅長烘焙的人，有公開影片能證明這一點），這些人在每一次的分享過程中，也是在推廣粉絲圈。絕大多數的人都喜歡和有共同興趣的粉絲一起營造粉絲力。

「**品牌推廣的方法並不是向顧客介紹數不清的產品特色，而是要考慮到顧客的感性層面。你可以改變角色，然後故事也會跟著改變。只要你能掌握顧客的興趣，並藉此吸引他們參與你的世界，你就成功推廣了自己的品牌**。這就是為什麼數據不能當作通用的參考依據，」弗朗索瓦說，「遊戲設計師不該施加特定的感受，應該讓玩家在同一種情境下各自體驗不同的情感。」

不少粉絲想在電玩電競展互相交流，因為他們已經花了幾百個小時在線上一起玩遊戲，想要約出來見面了。也有不少粉絲渴望發揮創造力，因為他們想體會多種情感，並與其他粉絲分享這些感觸。你看出來了嗎？這就是遊戲能帶給我們的好處。有了忠實的粉絲力，品牌就會展現出強大的感染力。當你面對公司內部形成的集體創作現象時，滿足社群的需求正是你讓品牌脫穎而出的祕訣。

圈粉法則

當粉絲有了動力、受到啟發且歡欣鼓舞時，他們就會很樂意分享自己的體驗過程。

育碧的團隊透過粉絲社群，找到了取悅粉絲的有效方法。遊戲創作者不能在遊戲中控制玩家的動向，在現實世界中也同樣不能這麼做。弗朗索瓦說：「你和工作上需要發揮創意的員工共事時，會發現他們很注重發想點子的所有權。我覺得粉絲社群也一樣，他們會希望自己擁有手邊的用具、網站和部落格，所以我們提供他們方法，協助他們實現心願。」他認為粉絲的創作很有建設性，包括同人小說、影片以及能改善粉絲社群的事，因此創作者不應該從中干涉。

「這是創作者值得感到驕傲的事。彷彿我們邀請粉絲參觀一場表演，然後把表演當成慶祝活動的一部分。角色扮演就是典型的例子，你不能只看表面上的裝扮。大多數的例子都像粉絲製作《刺客教條》相關影片一樣，需要花幾個月的時間構思。我們很樂意把粉絲的創意納入行銷的內容。我們也抱持著開放的心態，不會跟粉絲計較這種事。」弗朗索瓦說道。

育碧很早就開始邀請粉絲參與遊戲開發的過程，例如邀請形象大使或明星玩家參加 E3 電子娛樂展等遊戲大會，請他們與粉絲交談並感謝粉絲的支持。**每一位粉絲都能發揮重要的作用，因為他們在粉絲社群中可以激盪出各式各樣的想法**，而形象大使、明星玩家也會親自與熱愛電玩的粉絲互動，因此育碧能幫助整個社群熱絡起來。他接著說：「我們覺得賣力地宣傳新作，比設法控制別人更明智。」

如果有人想創造粉絲力，湯米．弗朗索瓦會給他們什麼樣的建議呢？

「好好珍惜你的粉絲吧，只有這樣做，粉絲才會用心回報你。」

避免讓分歧導致掉粉

創作者和粉絲之間的距離愈來愈近了。每個人都可以在推特聯繫自己的偶像，也能在網路論壇上表達「愛恨情仇」。不過，網路上時不時會出現騷擾問題。少數喜歡發表意見的粉絲有時會逾越分寸，使得某些創作者也會不甘示弱地猛力回擊。

那麼，我們該如何聽取弗朗索瓦的建議，一面愛護粉絲，一面允許粉絲對我們所做的事提出異議呢？我們需要一種方法來平衡個人表達的互動模式。

比方說，《STAR WARS：最後的絕地武士》（*Star Wars: The Last Jedi*）中的女演員凱莉．瑪麗．陳（Kelly Marie Tran）把自己在Instagram發布過的所有照片都刪除了，因為有很多《星際大戰》的粉絲騷擾她。他們在照片底下的留言帶有性別歧視、種族主義的嘲弄和威脅意味，認為她是有色人種女演員卻飾演重要配角，不符合他們所熟知的星戰世界。

另一位《星際大戰》的女演員黛西．蕾德莉（Daisy Ridley）也是因為類似的原因，決定遠離社群網路。她們都選擇不去應對粉絲的引戰情況，比如告訴創作者應該在工作中做什麼、不應該做什麼，包括該不該讓女性飾演主角。

由於一部分《星際大戰》粉絲表現出的負面行為，整個社群失去了原本創作者與粉絲互動所產生的樂趣和見識。另一方面，粉絲也面臨了去留的抉擇。在這場尖刻的批評聲浪之後，許多粉絲都想遠離那些發言抨擊的人，甚至有些粉絲不再支持整個系列電影。結果，之後上映的《星際大戰外傳：韓索羅》（*Solo: A Star Wars Story*）票房慘澹。

粉絲圈畢竟不是權力龐大的僵化組織，出現的分歧對於無法從另一個角度看問題的雙方，都會產生莫大的傷害。粉絲會快速離開這個不再有賓至如歸氛圍的社群，而創作者通常也會貶低苦多樂少的專案。

有些粉絲社群在管理系統中制定明確的規則與指導方針，為的就是讓所有人都能參與粉絲活動。再創作組織（OTW）是非營利組織，由AO3作品庫的粉絲經營，服務對象是同人愛好者。

為了保護粉絲的體驗多樣性，OTW做了很多事，以持續確保有不同意見的交流，包括推選董事會成員、依據內容與濫用政策強制執行服務條款。此外，OTW還成立了法律訟辯委員會，旨在促進平權和保護同人作品。

建立穩固粉絲圈的三要素

要為粉絲營造一個開放又愉快的社群環境，就不能忽略反對的聲浪。找到互動和自主性的理想狀態需要一定的時間，即便如此，創作者和粉絲也需要不斷調整心態來理解彼此的立場，並了解到雙方互相交流意見比各持己見更明智。

我們可以從企業的社群組織，認識到許多關於維持權力與自由之間的平衡方法。

建立穩固的粉絲圈有三項基本要素：

1. 了解你的觀眾。

2. 為你的社群提供適當的資源和空間。

3. 時時以人性化的角度看待顧客。

「先從你的觀眾下手。人可以影響執行的方式、地點、時間和動機，」凡妮莎・迪馬羅（Vanessa DiMauro）說道。她是策略研究顧問公司 Leader Networks 的執行長，這家公司的服務項目是：協助企業運用數位與社交技術取得競爭優勢。她接著說：「有太多組織在構建社群時，不會去篩選過量的資訊，反而盡量把所有資訊塞給粉絲，從不考慮誰才是真正需要這些資訊的人，因此社群發展得很不順利。」

迪馬羅極力與思科系統（Cisco Systems）、日立和世界銀行（World Bank）等組織一起打造網路社群。她的公司深入研究企業領導者和用戶在顧客服務、溝通管道方面的需求，目的是：實現以產品或服務為中心的高級網路消費者社群。

Leader Networks 協助企業的目標和育碧、OTW很像，都是鼓勵粉絲圈採取開放式交流，並授權社群內的人自由發揮創意，或讓他們安心地執行專業工作。對於採用迪馬羅專業技術的公司而言，樂意互動的用戶或合作社群是一大優勢。鼓勵用戶分享想法可使企業的知識庫變得更有深度，因為企業能更了解顧客的好惡，也能明確知道下一步該怎麼做。

打從一開始，迪馬羅在建立社群時，就提到組織需要顧客參與創造的過程，她說：「在社群的社交設計方面，一定要有一群像是形象大使或商業夥伴的核心成員，與組織密切合作。」早期參與的用戶會在溝通、知識和合作方面建立行為模式，以確立特定的風格和文化。

然後，企業必須慢慢地將權力和操作方式轉移到社群。迪馬羅解釋說：「我們的目標是從『智囊』轉換到『導師』的角色，絕不能讓社群獨立運作，因為社群裡的成員缺乏後端數據與知識。理想的狀態是，贊助社群的組織代表在社群行動，同時在矛盾的組織目標之間，找到適當的平衡點。」

迪馬羅根據不同的動機，將網路商務社群的核心成員分成三種類型：第一種是**專家**。他們通常是顧問或技術奇才，很喜歡與人分享知識，藉此發展自己的業務。第二種是**公關**。他們通常是專業人士或某事物的愛好者，在社群中尋求互動關係和友誼。第三種是**邊緣人**。他們加入社群只是為了解決自己無法解決的問題。

了解這三種不同的角色分別對網路互動關係有什麼貢獻，能協助你的公司建立穩定、有用處的社群。迪馬羅解釋說：「如果品牌設計的初衷是為了認識顧客、解決顧客的問題、滿足顧客的需求，並在合理的範圍內盡力取悅顧客，當然就能贏得顧客的忠心與支持。」

圈粉法則

你把自己的創作、產品或服務對外公開後，你就不再完全擁有它們了。

行銷部門以往總是以公司的立場代替顧客發言。公司往往會控制訊息的傳達，讓消費者無法按照自己的意願行事。不過，有了網路社群和公共論壇之後，情況就不一樣了。假使行銷人員堅持走回頭路，繼續以公司的立場代替顧客發言，那麼他們就會錯失粉絲真正重視的事。

創造讓社群成員有安全感的空間

微軟的行銷企畫資深主管卡蒂．奎格利（Kati Quigley）也針對公司的全球合作夥伴計畫提出類似的建議。這項計畫是由三十萬個合作組織組成的數位社群，總共有一百五十多萬名成員。合作夥伴社群對微軟業務至關重要，因為這個社群藉由持續蓬勃發展的合作夥伴生態系統，每年有九百五十億美元的收益，在整體業務占據很大的比例。

雖然大多數的企業都想掌控透露給合作夥伴的情報，但奎格利表示：「有時候，你會質疑那些總是向你推銷商品的公司，因此你會想聽聽合作夥伴的意見。」讓合作夥伴自由談論微軟的積極面和消極面很重要，她解釋說：「當合作夥伴指出有建設性的事時，他們的說法很可靠，能直接點出一般人真正關注的層面。」

奎格利提醒我們，一般人都很喜歡發表自己的看法，因為這是人類生活在休戚相關的世界中所展現出的本性。很多人在美國最大評論網站 Yelp 寫評論，或在推特發布推文時，都是因為產生強烈的情緒反應，無論這股情緒是正面或負面。一般人也都很關注夥伴的想法。

「這些合作夥伴確實每天都在發表評論，他們很值得信賴，不但很了解做為微軟合作夥伴的職責，也很清楚有哪些挑戰，並且知道如何克服這些挑戰來致勝，」奎格利說，「微軟認知的合作夥伴是一回事，而我們定義的合作夥伴又是另一回事。微軟能從合作夥伴那裡得知真正需要知道、學習和著手進行的事，這些都是很寶貴的資訊。」

圈粉法則

創作者不能操縱每個人的意見，但他們可以開創一個讓粉絲交流意見的空間。

學會「放手」不一定能迎合創作者或粉絲的期望，這牽涉到控管社群裡的言論。迪馬羅認為公司有必要退一步分析問題。「真正成功的社群會讓成員享有言論自由，」她說，「一旦組織違背誠信原則、消滅社群的社會資本，成員就會停止交流。所以如果組織想要成功，就必須創造一個讓成員有安全感的空間。」

你需要花點時間尋找能開放討論創作的好地方，同時持續了解粉絲的想法。過程中，你可能會出點差錯，但在你自己的小天地裡，促進粉絲圈與創作者之間相互尊重，最終還是會有豐富的收穫。

不要忽略粉絲對你的創作所表達的熱情，要適時地回應粉絲。不要利用自己對產品的認

知來壓制粉絲。要仔細想想別人為你的產品帶來的意義，能使產品蛻變成什麼新樣貌。

說故事的方式不只一種

我在那間由曼哈頓倉庫改建成一九三〇年代場景的飯店，用全新的方式體驗《馬克白》。當我擺脫了自己看戲的主觀立場，並願意接受《夜未眠》的改編特色後，我發現自己比以往更深入探索這則故事。

我帶著好奇心到兒童的臥室，然後發現一面假鏡子，鏡子的另一端呈現殺氣騰騰的場景。我也在一間布置成酒吧的房間裡，花了幾分鐘和其中一個角色玩博弈遊戲，從他在桌上攤開的紙牌挑選一張。此外，我還嘗試回到已經看過的場景，站在遠處的牆邊審視，只為了從更廣闊的視角觀看表演。

我離開表演現場後，帶著自己接觸過、察覺過、笑過的故事去和身邊的人分享。我先找老公班分享故事，他那天晚上和我一起去看《夜未眠》，但我們一進去就被分配到不同的路線。我們在現場只有幾次短暫的眼神交會。他的體驗過程和我的不一樣，我們觀看不同的角色和場景，就好像各自蒐集到不同的拼圖，要解出這部作品的謎團。接著，我找同樣熱愛文學和戲劇的朋友分享這些故事。

《夜未眠》的負責人菲利克斯・巴瑞特（Felix Barrett）和馬斯尼・杜爾尼（Maxine Doyle）在官方活動的訪談中，被問到這部戲劇作品有沒有理想的體驗方式。巴瑞特回答說：「體驗表演沒有所謂的正確方法。你要相信自己的直覺，每個人的反應都不一樣。」

欣賞藝術、媒體或產品的確都沒有固定模式。每次上演《馬克白》的劇情時，觀眾都可以提出各種解釋。要讓觀眾回頭探索更多情節的關鍵，就是創造有變化性的互動空間，激發他們想從不同立場或觀點解釋同一件事的好奇心。公司或創作者需要做的事，就是營造出吸引人不停玩耍的遊樂場，放手讓參與者盡情嬉戲。

第6章

讓免費不是最貴，反而讓粉絲覺得實惠

——大衛

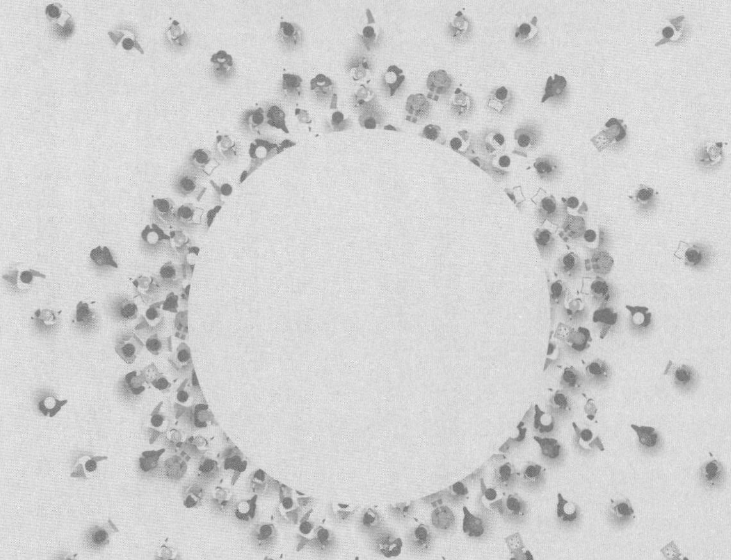

該划水出海了。

那是我第一次在夏威夷的歐胡島北岸衝浪，那裡是衝浪運動的起源地。不過，不知道怎麼回事，我乘著海浪到海灘時，隱約察覺到有幾個人在打量我，他們準備再划出浪區。我的衝浪技能表現沒什麼進步，老實說還有點笨拙，但至少沒有「歪爆」*。我成功了！我征服北岸了！

雖然我二十五年前就在澳洲學會了衝浪，但我還是對北岸的當地人存有疑慮。眾所周知，夏威夷人對他們的海浪有強烈的地盤意識。這一點是可以理解的，畢竟北岸是地球上最適合衝浪的地點。

有很多像我這樣特地來衝浪的人，都會在那兒待上幾天，但其中有些人卻會很無禮地闖進當地人的私人土地。尊重當地人是很重要的事，因為是他們塑造了這個地區和衝浪的文化。他們每天都在這裡衝浪，而我只是第一次來衝浪的客人。

我通常都會把注意力放在海浪上，但我這次特別注意哪些人是「領頭羊」，也就是那些在當地衝浪能力很強，或有主場優勢的知名人物。在他們的眼裡，我就只是一個「老外」，用夏威夷語來說就是「haole」。

既然是個老外，我的對策就是保持被動的低調姿態。

我的被動策略似乎奏效了，因為沒有人對我怒目而視，或對我做出更糟糕的事。反正就是沒有人在意我了。

我第二次把衝浪板划出浪區後，又回到了外側位置，試著觀察其他衝浪者怎麼看待我這樣的「初學者」。

我一面看著當地人追浪，一面等候和期待另一波巨浪來襲。我好想離開等浪區再衝一次浪喔。想起剛剛的成功衝浪戰績，我眉飛眼笑，然後坐在衝浪板上，盼著再出現上一次那種滿意的衝浪體驗。我永遠都不會忘記。

浪來了，一群衝浪者都逮到了浪。我錯過了機會，所以又等了一會兒。接著，有幾道大浪往等浪區襲來，可是其他人都已經就定位，我根本逮不到機會。這個時候不宜輕舉妄動。

然後，奇蹟發生了！

有個夏威夷人處在絕佳追浪位置，他卻很明顯地後退了。他在幹麼呢？然後他轉過身直視著我，對我點了點頭。這個小小的動作很難讓人察覺到，因為他側向一邊點頭時，頭部大概只有一、兩英寸（約二．五到五公分）的移動幅度。如果我當時沒有注意到他，很容易就會錯過他對我點頭示意的舉動。

他要把浪讓給我。那是他的浪耶！

---

* 從衝浪板上跌入水中，是衝浪運動中的常見情況。

我應該是在做夢吧！

我划進這道浪波，再度露出笑容，這是我這一週感到最興奮的事！我很幸運地進入浪口位置，沒有當眾出醜。其他衝浪者在浪峰上看不到我，所以我不用擔心表現不好。

我在這裡算是無權無勢的衝浪者。

沒有人欠我人情。

我和其他人都很清楚自己的立場。我沒有想過有人會把浪讓給我，所以我毫無準備。也許在這個過程中，我比較在意自己是老外的身分，不過此時情況已經不同了。

那位夏威夷人自願把衝浪機會讓給我，讓我很吃驚。

這段經歷改變了我對這座美麗島嶼、夏威夷人以及在這個備受尊崇的地方衝浪的看法。他的示意動作甚至使我對自己在衝浪領域的位置改觀了，從不起眼的挑戰者轉變成配得上衝浪文化的一分子。

也許對他來說，把衝浪機會讓給別人沒什麼大不了。他那一天已經在海上衝了好幾十次浪，多年來也衝浪過無數次，這波浪潮只不過是其中一波。但對我來說，這個衝浪機會卻是我這一生刻骨銘心的回憶。

就在那一天，我成了歐胡島北岸的粉絲，起因是那位衝浪者對我的付出。這也是品牌可以為潛在支持者做的事，使他們變成忠實的粉絲，並燃起其他人心中的熱情。

那一次的衝浪機會是他送我的禮物，而且他不求回報。

簡單的禮物有不可思議的影響力

在這個步調快速的世界，每個人都不斷被迫應付各種邀約、機會和意見。凡是需要尋求熱情的品牌支持者，或其他需要經營品牌的人，都要懂得去蕪存菁，並找到方法來創造重要的情感聯繫。面對數位時代的雜亂特性，我們只能把握短暫的時間留下深刻印象。

在只有一時半刻的情況下，大多數人及其服務的組織都使勁地要引起人們注意、使用更顯眼的色彩，或在網站上增加擾人的彈出式廣告，以為這樣就能成功留住支持者。他們也以為只要再加把勁、更無情地爭奪潛在支持者的注意力時間，就能「克敵制勝」。

難道這種軍備競賽不會擊潰所有人嗎？

話說回來，我們可以從歐胡島北岸的那位衝浪者身上學到一些事。那天，他給了我一個衝浪的機會。有些人可能覺得他點頭示意是不值得一提的小事，或許他也這麼想，但對一個像我這樣第一次到北岸的人來說，簡直就像在夢境一般。我只有在網路影片和衝浪雜誌上看過北岸的海水，而那天我親眼見到的海浪壯觀無比！

更重要的是，這份禮物令我出乎意料，對我產生了深遠的影響。我沒有被當地的「領頭羊」恫嚇，反倒是其中一個當地人顛覆了我的想法，我對在夏威夷衝浪的個人感受不一樣了。到世界上著名的衝浪勝地小試身手，我從原先的緊張狀態變成滿懷感激。於是，我變成這裡的粉絲了！

從各種愈發急促的產品宣傳，到日益增長的媒體平台，人際關係變得愈來愈虛幻了。隨著人們投入數位生活的時間愈長，人與人之間的關係也愈疏遠。結果，一般人幾乎沒有足夠的時間來判斷別人的意圖是拔刀相助還是謀取私利。

你有沒有一種需要時時保持警戒的感覺呢？你是不是覺得有一些違法的組織企圖竊取你的個人資料呢？你願意透露信用卡的卡號給某個你信任的組織嗎？你從社群媒體上認識的人，他們對自己的描述是真的嗎？或者他們其實是執行特定任務的機器人或騙子？

現代人審視事物時，變成要在短時間內判斷這件事物有沒有價值，如果無法馬上找出顯著的價值，就會另尋新的事物。也就是說，現代人不會聯想到：另一個人實際上創造了自己在考慮的東西。但如果現代人決定消費某件事物，也會盡快完成交易，緊接著把注意力轉移到下一件事物。此外，不少人在提供別人好處的時候，也會在心裡設立一個分類帳，記錄著自己何時得到等值或更好的回報。

既然知道數位生活會帶來情感疏離的問題，那麼多做一些像那位衝浪者當時對我做的事，就能創造出簡單又具感染力的扭轉契機。只要我們能多做一些超乎預期的事，就能突破舊有的交易模式。

圈粉法則

比起索取，付出對粉絲力的發展更有利。

我從十五歲開始就酷愛現場音樂，我從沒想過能因此產生靈感，想出一套發展粉絲力的辦法。

演唱會不禁止錄音，粉絲圈大擴散

在我還是個青少年時，就發覺到把有價值的東西送給別人是塑造粉絲文化的方法。我以前會和高中朋友一起參加紐約市區的搖滾演唱會。一直到現在，我依然是個現場音樂怪傑。

感恩至死搖滾樂團在當時以獨特的方式發展粉絲圈，他們很鼓勵參加演唱會的人在現場錄音，這一點和其他樂團在門票或現場告示牌上標明「禁止錄音」的做法很不一樣。

我在本書開頭提過我非常欣賞感恩至死搖滾樂團，主因就是他們對待歌迷的方式。他們是最早明確意識到自己是在銷售音樂的樂團。不是為了銷售唱片、門票或T恤，就只是音樂而已。他們發現，**盡可能讓愈多人聽到他們的音樂是推銷音樂的好方法**。

剛開始時，有一大堆想錄音的觀眾把直立式麥克風架隨意設在場地。「問題是很多人都在抱怨麥克風架擋住他們的視線，」一開始組成感恩至死搖滾樂團的吉他手兼歌手鮑伯・維爾（Bob Weir）說，「所以我們安排了一個錄音專區。」想錄音的人集中在錄音區後，就不會干擾到現場的其他人了。

他接著說：「錄音帶傳開來後，許多人紛紛轉錄下來。直到這樣的分享傳到第三代以上，有不少人喝倒采。重點是過程中也能勾起不少人的興趣，他們會想親自去看表演或買唱片，根本不會理會那些喝倒采的人，而我們也推出了許多現場音樂的唱片。我們發現這麼做能產生宣傳的效用，也很適合我們的作風。」

感恩至死搖滾樂團開放觀眾免費錄製音樂，讓整個社群轉變成粉絲力了。

他們允許大家錄表演的這份禮物，讓一些在宿舍、公寓和汽車裡聽到錄音帶的人，認識到了感恩至死搖滾樂團。當中有許多新粉絲也想看現場表演，此事為樂團帶來了數億美元的門票收入。

一九八〇年代晚期和一九九〇年代上半年是這個樂團的事業巔峰時期，他們當時是國內最受歡迎的巡迴表演樂團。一九六五年，樂團在舊金山成立；五十多年後，留下來的成員在二〇一九年以「Dead & Company」的樂團名稱巡迴表演，他們的門票在美國各地的體育館和表演場地依然很搶手。

當其他樂團都禁止歌迷在演唱會錄音時，感恩至死搖滾樂團卻表示：「有何不可？」他們允許粉絲自由錄音和分享錄音帶，因此創造了粉絲力。在臉書創辦人馬克·祖克柏（Mark Zuckerberg）還沒有出生前，他們就允許大家免費分享由粉絲錄製和轉錄而成的卡式錄音帶了，這就已經為一群愛好者建立了社交圈。

從一九九〇年代中期開始，方便分享資訊內容的網路迅速發展。突然間，樂迷都能從 Napster 等免費下載的網站分享任何樂團的音樂。唱片業者擔心檔案分享的問題，於是和同業聯合起來終止這些網站的服務，使得下載音樂成為侵權的違法行為。

不過，即使傑瑞·加西亞在一九九五年辭世，感恩至死搖滾樂團還是持續開放現場錄音的慣例。一九九九年，他們是最早容許大家透過 MP3 和類似檔案格式免費下載粉絲錄製的現場表演的樂團之一。不久之後，網際網路檔案館官方網站「archive.org」上的感恩至死搖滾樂團現場音樂區塊，收錄了一萬多個可以免費取得的演唱會錄音檔。

感恩至死搖滾樂團贈送音樂，就像那位夏威夷人把衝浪機會送給我一樣，都是不求任何回報。粉絲圈的基礎建立在人際互動，當你免費得到有價值的東西而且沒有回報的壓力時，你反而比較容易跟別人分享你欣賞的事物。

那些粉絲把錄音帶這份禮物，或把下載的連結傳給其他粉絲，過程中被轉錄並分享的感恩至死搖滾樂團錄音檔不計其數。這一切都要回歸到實現這些成果的樂團。他們創造了忠實的粉絲力，有一大群「感恩死者」幾十年來都樂意買票看現場表演，也因此資助了樂團。

無私奉獻、不求回報，連T恤都免費

感恩至死搖滾樂團創造的這種送禮慣例，值得探討的地方是：他們把送禮對象擴展到各個周邊社群，尤其是超出表演的範圍。這讓我們更加了解粉絲文化的力量，和整體粉絲力的價值。

幾年前，我參加共鳴（Gathering of the Vibes）音樂節時，特別喜歡在露營區閒晃，因為我覺得在那裡偶遇粉絲圈內有趣的人，是很好玩的一件事，他們也跟我一樣欣賞著同樣的音樂氛圍。

低矮的圍欄那邊有一堆紮染*的T恤，我猜應該是有人在擺攤販賣。紮染在共鳴音樂節很受歡迎，幾十年來一直都是感恩至死搖滾樂團表演現場的主打商品。我停留在攤位前，站在我旁邊的人告訴我這些T恤都是免費的。

我心裡想著：「真有這種事嗎？」

然後我和製作這些T恤的戴夫（Dave）聊聊，他請我挑一件。戴夫跟我說他很喜歡做T恤送別人，因為這麼做比收費更有收穫。

戴夫說他贈送免費的紮染T恤後，開始遇到許多有趣的人，他們展開了有意義的對話。他得到的收穫就是這份有趣的禮物，然後他再做T恤回饋給社群。

如果有人直接拿走一件免費T恤，戴夫也不會介意。他私下告訴我，有些人會問他有沒有需要幫忙的地方，而他總是建議那些人可以贊助共鳴音樂節的食品募捐活動。

我看到有一件很酷的紫藍色T恤，而且有口袋耶！我拿了這件，然後告訴戴夫我等一下還會回來。我到露營區拿一本我寫的《感恩至死搖滾樂團的行銷經驗》，回去找他時，我在在書本簽名，並寫上「致戴夫」送給他當作回禮。

* 這種染布工藝可依據不同的圖案設計效果，用線或繩子以各種方式綑綁布料，再將布料放入染液中，捆綁的部分因染料無法著色而形成特殊印花。

他興奮不已。我們都覺得這是很棒的交易，因為兩個樂迷互相贈送有價值的禮物，讓雙方的生活變得更精采。

數十年前，當感恩至死搖滾樂團免費開放粉絲在演唱會錄音，為社群確立獨特風格時，這則有關T恤的故事便呼應了非常重要的願景：無私奉獻，不期待回報。其實價值觀和我相仿的人，遇到戴夫這種自願付出的人，反而會想回禮給對方。

有附加條件的「無償提供」，是誤解免費的本意

所有組織都可以效仿感恩至死搖滾樂團的宣傳技巧，在網路上創造和分享內容。建立粉絲圈的好方法包括：免費提供部落格、影片、白皮書*、圖解資訊、電子書、照片等。在網路的世界，免費提供內容是很容易辦到的事，比製作紮染T恤容易多了！

戴夫無條件提供T恤，就算我急著回送他一本書，他也沒有表現出很期待我回禮的姿態。不過，對於那些渴望用白皮書等內容換取電子郵件註冊的企業對企業電子商務（B2B）公司而言，很難實行「無條件提供」的概念。

企業可以藉由送禮物達到拉攏粉絲的效果，但有太多行銷人員誤解免費的本意，他們的

心態不像戴夫那樣不期望回報。許多組織在網路上聲稱提供某項「無償」服務，實際上卻要求潛在消費者必須符合必要條件，多數的例子都是索取個人資料。

利用白皮書來換取網路註冊的手法，是以前需要透過郵件傳遞白皮書所遺留的痕跡。郵購廣告還是推動新業務的主力時，郵遞白皮書逐漸流行起來。許多人相信只要註冊帳戶之後，就能取得有價值的內容；事實上，這些人下載需要的內容時，就已經把自己的電子郵件地址透露給了組織，而他們也會被當作潛在的銷售目標。

這種有條件的內容會讓許多不想暴露隱私的人不願花時間註冊，他們不希望接收推銷員的電子郵件或電話。另一個缺點是很少人會願意在社群媒體公開分享這種內容，因為他們不希望收到任何垃圾郵件。

無償提供白皮書之類的內容，並且不要求潛在消費者上網註冊，就會像感恩至死搖滾樂團那樣，讓需要宣傳的內容傳播開來。如此一來，就會有更多人透過社群網路接觸到這則內容，而他們也會帶來重要的價值。

我和數百位靠著提供內容來促成新生意的行銷人員聊過，當中有一半以上的人要求潛在消費者註冊。這就像一場創造論與演化論的宗教辯論＊＊，沒有人能在這場辯論中勝出。雙

＊　內容多為官方正式發布的訊息、資料和政策。
＊＊　前者主張人類、生物、地球與宇宙皆由超自然的力量或生物創造，例如神、上帝或造物主，而後者主張生物在世代與世代之間有發展變異的現象，即從原始簡單生物進化成複雜且有智慧的物種。

方都認為自己的理論才是對的，無法理解另一方的見解。在這場有關內容分享的宗教辯論中，我堅決支持「無條件提供」的陣營，可惜許多行銷人員也堅決支持利用電子郵件註冊交換內容的方式。

好消息是有一些行銷人員進行了「A／B測試」，在提供相同內容的情況下，比較「無條件提供」與「要求用電子郵件註冊」這兩種方式，並與我分享測試結果。他們告訴我下載前者的人，比後者多了二十倍到五十倍。

顯然，你若想傳播想法的話，無條件提供內容是比較有效的辦法。雖然有些人只會索取自己需要的東西，但也有些人會在自己的社群網路發布你宣傳的內容，藉此與朋友、同事和家人分享愛好，或用電子郵件把連結寄給可能會感興趣的人。這種分享內容的禮物有助於散播你的想法，也能擴展你的粉絲圈。

我們經常聽到有人說，如果你在網路上透露「不收費」的內容，大家就沒必要購買你的產品或服務了。不過，有不少組織已經成功運用了這種方法。

圈粉法則

有附加條件的免費內容給人一種強制的感覺，而無條件提供的優質內容則能拉攏忠誠粉絲。

我過去幾十年曾和一些公司合作過，其中包括許多 B2B 公司，所以我能明白：即使行銷人員願意無條件提供電子書和白皮書之類的內容，但管理階層會施加龐大壓力，要求他們蒐集潛在客戶的名單，通常讓他們不敢不聽從。他們的任務就是：利用有條件的內容來開發潛在客戶。

在這種情況下，複合式服務就能派上用場了。複合式服務是一種開發客戶的方法，彷彿能同時將兩種宗教觀點納入考量，做法是先提供不認識你、也不了解你業務的人免費服務，但你要在這項免費的服務內容中，置入需要註冊的進階服務項目，你能透過進階服務來蒐集潛在客戶的名單。進階服務的內容可以是一場與白皮書相關的網路研討會，具有教育意義或有其他助益。

複合式服務的另一個好處是：能接觸到不同的潛在銷售對象。有附加條件的做法只能跟使用免費內容的對象取得電子郵件地址，但複合式做法還能吸引那些使用免費內容後，想進一步了解你的公司、產品、服務和其他資訊的對象。假如有開發潛在客戶的評分系統，複合式做法會比利用白皮書來換取網路註冊的手法更高分。

你可能會很納悶，如果你的公司主要就是銷售日常用品給消費者，那該怎麼辦？這樣的組織該怎麼培養粉絲？

目前為止，你可能會覺得解決辦法很普通，但解答過程也許會帶給你驚喜。

金頂用電池賑災，建立品牌忠誠度

在消費者的眼中，許多組織提供的產品、服務都和其他產品非常相似。舉凡生活用品和辦公用品等常見商品，消費者通常會選購最便宜的商品，使得很多公司不得不靠著優惠券和特價來吸引消費者。

多數人認為低成本的商品很難建立起品牌忠誠度。有些令人難以捉摸的消費者根本不在意優格、衛生紙、瓶裝水或影印紙的品牌，他們只看哪一個價格最划算。

有些製成品是因為高昂的廣告宣傳活動，才逐漸讓品牌發光發熱。但這就像不停打折一樣，投資昂貴的廣告會讓創業舉步維艱，因為需要不斷再投資成本高昂的經費。

另一種能幫助常見產品的品牌建立粉絲圈的方法是贈送禮物。

美國每年出現愈來愈多颶風、龍捲風和水災等自然災害，導致數百萬人遇到停電的問題。金頂（Duracell）最著名的產品是多種常見型號的鹼性電池，這家公司制定充電服務（PowerForward）計畫，援助需要電池的人。

他們派出公務車分發免費的金頂電池、提供行動裝置充電服務，以及協助沒有電源的人連線上網，幫助美國各地受到波及的社區。

沒錯，金頂四處贈送電池，數目車載斗量！這真是個很有影響力的品牌經營計畫。

金頂充電服務計畫的十人小組就曾援助波多黎各的三百四十萬名美國公民。這些災民居住的地方遭到颶風瑪利亞（Hurricane Maria）襲擊後失去電力。金頂空運了兩輛卡車和三十多噸電池給需要的災民。你沒有看錯，三十多噸的免費電池。

「停電、電池耗盡或需求量激增的情況很常出現，」金頂的行銷副總裁拉蒙・韋盧帝尼（Ramon Velutini）說，「颶風、龍捲風、水災和強勁的暴風雨在美國變得很頻繁，有很多人在緊急時刻迫切需要我們的產品。在這麼多人需要電池的情況下，每個人都在搶購，所以很多人要去買電池時，經常會發現已經沒貨了。

我們常常看到貨架上最先缺貨的電池就是金頂電池，因為很多消費者認為金頂是可靠的電池品牌。在這種暴風雨來襲的關鍵時刻，就能看出消費者的真實心聲。但這樣也會讓人傷腦筋，因為就算很多人都想買我們的電池，他們也買不到。」

金頂充電服務計畫從二〇一一年開始實施，當時只配備了一輛卡車，如今有五輛卡車了。該計畫的主要目標是迅速調動行動小組到遭受波及的地區，並在緊要關頭分發免費電池。在美國各地發生了四十五起天災事故之後，金頂的團隊立即採取應變措施。

金頂在臉書隨時更新卡車前往村莊的位置資訊。不少人在金頂的臉書貼文下方留言，請求金頂供應電池到他們所在的位置，並且很感激金頂鼎力相助。

那場颶風剛過去，我就注意到波多黎各的回應：金頂在臉書發布有關波多黎各充電服務計畫的貼文，有超過三萬個人按讚、一萬一千五百個人分享，還有數千人踴躍留言。大部分的留言都是西班牙語，我挑了一些用英語發表的留言，如下：

韋利亞・戈梅茲（**Velia Gomez**）：我三天前有遇到你們的隊員喔。請繼續實施這個偉大的計畫，謝謝。

凱特・瑪拉（**Kat Marra**）：感謝金頂的所有人員，你們真是了不起！

薇薇安・賈西亞（**Vivian Garcia**）：謝謝金頂！你們沒有義務要幫忙，卻努力一次照顧城市裡這麼多人，真的很偉大！

接著是災民和金頂員工之間的對話：

瑪麗亞．M．佩雷斯（Maria M Perez）：我們的城市是烏馬考，也像其他地區一樣被瑪利亞摧殘得很慘。你們會過來嗎？

金頂：我們會盡力停留在各個災區支援，這也是我們的目標喔。

「如果你相信我們的品牌承諾能產生影響力，那麼這個品牌的風格和特點就是在關鍵時刻傳遞影響力，」韋盧帝尼說，「我們的充電服務計畫很完善，因為它能將我們的品牌承諾直接傳遞給消費者。在重要的時刻散播影響力，以及私下與消費者培養人際關係這兩方面，能產生良好的效果。」

我們採訪韋盧帝尼，聊到充電服務計畫，然後很驚奇地發現：在消費者對他的公司產品需求量暴增、無數人需要電池、黑市出現、有人哄抬物價等情況下，他卻領導團隊四處贈送產品！

我們想知道免費供應電池會讓公司內部面臨什麼樣的挑戰。公司有沒有先計算贈送價值數百萬美元產品的投資報酬率呢？多數企業的經營者都有商學院的背景，他們都很注重每一季的盈利和短期財務目標的實現，所以不少人認為金頂的做法有很高的風險。難道金頂公司內部（也許是財務部門）都沒有人提議調動卡車去販賣電池，而不是免費贈送嗎？

「這場辯論還是沒有結果，」韋盧帝尼坦白說，「但每次我們派出充電服務計畫團隊，然後看到我們救助的災民照片，也聽到他們講述發生的事情，這時候就沒有必要再探討哪一方的論點才是對的。」

他接著說：「其實我們的付出可以說是在投資金頂這個品牌。有很多公司都只會在表面上說好話，但在某些時候又表明不一樣的立場。還有些公司經常把捐錢當成做功德。不過，我們認為理想的支援方式是採取實際行動。當民眾以個人的角度與品牌共享相同的經驗時，品牌一定會有收穫。根據我們的估量，我們每年在社群媒體上發布的充電服務計畫消息，一直都是討論度最高的內容。與其他內容相比，充電服務計畫在民眾的參與度方面更勝一籌，所以我們把這一點當作投資報酬率的指標。」

韋盧帝尼和我們分享了一則故事：一位母親走向充電服務卡車，向金頂隊員索取許多不同型號的電池。幾乎沒有人會提出這樣的要求，絕大部分的人都只是索取幾個相同型號的電池，要用在手電筒或小型收音機。

於是團隊成員詢問她的狀況，才知道她的三歲兒子有十多種殘疾問題。「他的人工呼吸器需要換電池，還有血液透析機也需要換電池。你們來得正是時候，我和家人會永遠感激你們。」她說道。

「那位母親必須面對失能兒子的情況，事實證明我們能在他們需要幫忙時提供電力，」韋盧帝尼說，「我們的產品在那位男孩的人生中有重要的作用。投資報酬率是多少？我不知道，但善良的人永遠都會支持我們的品牌。我們在營造一種合夥關係、社群與同心協力的感覺，我個人也認為這種價值無法估量。所以，如果你問我投資報酬率，以及我們應該花多少錢，我會說這些都是無法避免的問題，但我們可以在非常時期從那些得到幫助的人身上看到投資報酬率。」

我們與企業談論送禮的想法時，經常有人反駁說他們認為自己的公司、產品或服務不適合用這種方式塑造粉絲圈。例如，許多人表示如果產品或服務很常見，就不太可能建立得起活躍的粉絲文化。電池就是這類產品的典型例子，金頂在災民最需要電池時伸出援手，這樣的送禮方式創造出終生支持他們的粉絲。

有多少朋友、鄰居、親戚、醫生、同事、公車司機、藥劑師等人親眼見證，以及後來那名母親在隔天或日後與別人分享她遇到金頂的經歷，再加上這些人分享事件的對象，如此宣揚下去的成果，正是公司拯救小男孩性命的投資報酬率。

舉個例子，有一位從充電服務計畫中受益的災民表示：「暴風雨很強勁，屋內也很寒冷。我們急需物資，可是店家要麼沒有營業，要麼只收現金。只要我們能夠取得物資，一定會十分珍惜。現在我們可以使用手電筒了！」另一個人說：「我們很感激金頂開卡車來鎮上發放電池救濟品。」

韋盧帝尼表示，常見產品有兩種做生意的方法：「一種是具有規模效益的低成本供應商，試著靠更優惠的價格爭奪市場，」他接著說，「不過這種做法不適合我們。所以我們反其道而行，畢竟我們的品牌已經創立幾十年了，不但有雄厚的股本，也是美國最可靠的品牌之一。

我們的出路就是持續擴大業務，並加深與消費者之間的關係，而充電服務計畫就是我們實現目標的其中一種辦法。其他辦法則包括支援某些聽力受損的社群，也能為我們的品牌建立情感聯繫。

幾年前，華倫．巴菲特（Warren Buffett）從寶僑（P&G）收購金頂時，他認同金頂的品牌具有競爭優勢，也就是他對某些企業定義的『經濟護城河』*。他知道金頂的品牌對長期永續性有多麼重要。我們可以想方設法鞏固消費者與品牌之間的關係，只要公司的品牌在消費者的心中排在第一順位，就代表在市場上勝出了。」

在金頂的 YouTube 頻道上，有關於充電服務計畫部署要點的影片。在破壞力極強的暴風雨過後的幾天，該計畫的卡車周邊有數十名災民都取得了免費電池。其中有些人失去了家園，但他們沒有在這種艱難的時期失去笑容和快樂。一名男子說：「我們看到金頂這個名字就會聊到『我跟你說，那些人幫過我，所以我願意對這個品牌保持忠誠。』對你伸出援手、陪伴你以及為你挺身而出的人，都具有強大的感染力。」

我們結束精采的討論時，韋盧帝尼提出另一個我們沒有考慮到的觀點。「這麼做不但對消費者有好處，在公司內部也非常受歡迎，一切進行得很順利，」他說，「我們的付出和動機都有一種使命感。我們在執行金頂充電服務計畫的過程中，到處支援能讓我們團結起來一起行動，能增強員工之間的凝聚力，也能拉近我們與消費者之間的距離，所以我認為這一切的價值無法估量。」

他接著說：「我們必須盡快把七十萬個電池運送到波多黎各，這不是件容易的事，而且只有在整個團隊都全力以赴的情況下才能達成。這是許多員工會在公司停車場聊起該計畫的話題之一。他們也會在車上貼著充電服務計畫的貼紙。由此可見，我們在公司內部創造了自豪感。當我們親眼見證這項計畫如何幫助數百萬人的生活時，這種自豪感也會帶給我們無價的回報。」

* 能長久維持競爭優勢的公司，具備長期盈利和擴大市占率的能力。

傳統計程車如何創造競爭優勢？

禮物能拉攏粉絲，還能帶動粉絲在社群媒體上、私底下與朋友分享經歷。當我們收到出乎意料的禮物，往往會不由自主地談論它。

我曾經需要從雪梨奧林匹克公園的飯店抵達能飛往洛杉磯的國際機場，我請飯店的工作人員幫我叫一輛計程車。然後大約在計程車開往機場的四十五分鐘車程中途，司機突然轉向我，遞給我一支筆，上面寫著「查理你好」（全是大寫字母）和他的電話號碼。

接下來，你一定猜得到我跟司機說什麼吧？我笑著說：「查理你好！」

一開始，我認為自己不需要筆，本來打算把筆還給他。可是我思考了一下這個禮物的意義後，還是收下了。飯店選擇打電話給查理，而不是該地區的其他計程車司機，代表飯店相信查理能勝任這份工作。

不過，隨著優步和其他推出共乘服務的公司出現後，傳統的計程車業者很難有生存空間。單打獨鬥的計程車司機該如何創造競爭優勢？那支筆就是引人注目、讓人印象深刻的有趣例子。

接著，查理給我另一個意想不到的禮物。

當我們離機場大約一英里（約一・六公里）時，查理做了一件事，那是我在世界各個城市搭了數百輛計程車都沒有遇過的事：他在計費表顯示一百美元時，就把計費表關掉了。我們沒有事先講好價格，我也很願意付全額。只不過，他就這樣把計費表關了！

車子快要開到終點時，我要給查理小費，可是他回絕了。

我遇到這麼棒的事，不禁想在自己的部落格分享。而現在，我也與你分享了這件事。

幾個月後，我又到了雪梨。這一次，我沒有請飯店的員工幫我叫計程車，也沒有搭優步。當我準備去機場時，我知道接下來該怎麼做。

這是我第二次搭他的計程車，我一進車內就跟司機打招呼說：「查理你好！」

就好像那支免費的筆說服了我這麼做。

第7章

提升品牌到身分認同的層次

——玲子

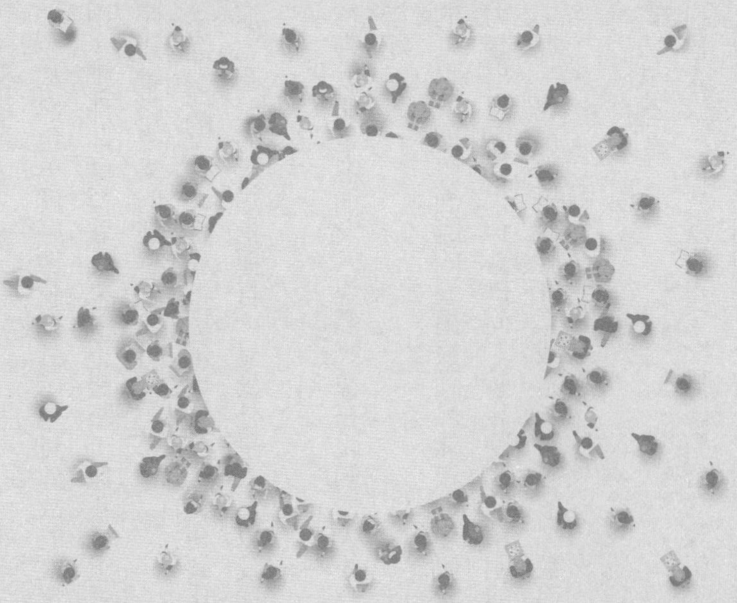

一件長袖運動衫讓我在醫學院交到了第一個朋友。

我在教室的另一邊就注意到那顯眼的紅色和黑色，就好像我找到了一見如故的友情。在一大堆有商標的T恤和五顏六色的毛衣當中，那件運動衫看起來並不起眼，但我馬上就認出來了。我經過幾個新同學身邊，試著要引起運動衫主人的注意。

「《質量效應》？」我說，指著縫在衣服前面的『N7』*。這是BioWare公司製作的角色扮演射擊電玩遊戲，你可以在遊戲中扮演太空船的人類指揮官、見到外星人，以及拯救銀河系。

「沒錯！」她說，臉上露出了笑容，彷彿我們是老朋友。我們好像在說知情人才聽得懂的笑話，兩個人就像會一起開懷大笑的多年好友。

醫學院的新生訓練讓我感受到多方面的壓力。即將面臨的學術嚴謹風氣和責任使我很焦慮，我甚至快忘記怎麼交朋友了。我很努力讓自己看起來穿著體面、腦袋聰明、精明能幹，可是我連正式的自我介紹都說得結結巴巴，握手也很彆扭，就好像我是為了爭取名額而參加這門課程的面試。

正經八百地握手？我以前不會用這樣的方式交朋友呀。

一群人穿著專業套裝、夾克和漂亮的白色大衣（很快就發黃了）排成整齊的隊伍，外人很難分辨得出來誰是誰。我們的服裝代表著職業，不是我們的個性。我把他們當成同事，不是朋友。

而那件有《質量效應》圖案的運動衫透露出了其他訊息。我可以判斷她是遊戲玩家，也是一個喜歡故事的人，跟我喜歡的故事類型一樣。由此可見，我可以和她聊喜歡的角色，她也不會嘲笑我沉迷電玩遊戲。這個品牌標誌不只代表電玩遊戲，還具有更深層的意義：身分認同＊＊。

最讓我感到欣慰的是：我走向她的時候，感覺像是要去找熟人一般。

「妳也有在玩這個遊戲嗎？」她問我。

「我大概花兩個月就把這個系列的三款全破了。」我答道。

「怪咖，」她傻笑著說，不過她說話的方式聽起來像是在讚美我。「順便說一下，我叫維多利亞。我覺得我們會很合得來。」她說的沒錯。

＊《質量效應》（*Mass Effect*）中的「N」代表兵種等級，數字愈高表示資歷愈深；「N7」是星聯特種部隊中的佼佼者。
＊＊一個人所展現出的自我特性，以及與某個群體之間共有的觀念或文化表現，可能會因歷史、文化或政治而改變。

陪伴成長、展現「轉大人」的方式

我小時候從上幼稚園到上小學，都很容易從一項活動轉換到另一項活動。前一個小時我可能像個藝術家一樣，用膠水黏合從紙上剪下來的圖樣、用沙子做雕塑品，然後下一小時立刻像個運動員一樣爬單槓，又像體操運動員一樣翻筋斗。或者，我可以馬上扮演任何角色，例如太空人、獸醫、消防員、美人魚等，那時候我和朋友都還無法從我們做的事裡，找到自己的定位。

隨著年齡增長，尤其是青春期的到來，學校和家庭衍生的社會壓力變得更加複雜，我的世界也隨之改變。我做的和我熱愛的事不再是純粹的活動。我不只是在放學後游泳，還表現出自己是一個會游泳的人；我不只喜歡科學，還想學習成為一名科學家。我做的事似乎都成了一種自我表現的方式。而現在，我是自己長久以來塑造的成年人。

縱觀人類的歷史，宗教和世俗的通過儀禮*在青少年時期是司空見慣的事。許多社會持續實行正式的通過儀禮，從童年到成人階段都有相關儀式和法典，並且代代相傳。

舉幾個例子來說，在猶太人的傳統儀式中，男性成年禮和女性成年禮分別在十三歲和十二歲舉行；在馬來西亞的文化中，女性成年禮在十一歲舉行；天主教教會的堅振聖事**一般在十五歲至十七歲舉行；拉丁美洲的女性成年禮在十五歲舉行；艾美許人的文化則是在十五歲左右舉行成年禮。就連美國的「甜蜜十六歲」（sweet sixteen）***和考駕照都像一種儀式，在世俗社會重塑通往成年期的人生旅程。

古納青年代表大會的會長伊尼基利皮．查里（Iniquilipi Chiari）是專門負責本土事務和保護區的巴拿馬環境部工作人員。我和父親曾經有機緣從他那裡了解到當地的儀式。古納人是巴拿馬和哥倫比亞的原住民，他們現在仍然沿襲幾百年來的傳統方式，生活在有自治權的國家。我們在甘伊加爾（Gan Igar）的古納村遇見查里，這個位置可以俯瞰坎甘迪河的山頂，就在這條河流入加勒比海的附近。

「當女孩轉變成女人時，我們會舉行伊戈伊納（Iggo Inna）成年儀式，把她們介紹給全體村民，」我們在一位獵人及其妻子住的竹草棚裡享用在篝火上烤的魚和香蕉時，查里說：「我們執行儀式時，會幫她們取一個符合傳統的名字，象徵著她們準備結婚了。」

進入青春期面對伊戈伊納成年禮之前，女孩在四歲左右也要接受一種洗禮儀式，她們第一次剪頭髮，村裡所有人都會一起慶祝這個時刻。古納人是母系氏族，只有女孩才需要經歷這些儀式。

* 一個人從生命中的一個階段進入另一個階段的過程，包括出生、成年、結婚和死亡四個階段。

** 亦稱堅信禮、按手禮，象徵人通過洗禮來與神鞏固關係。

*** 慶祝青少年十六歲生日的派對，有些家庭會舉行大型的奢華慶祝活動。

「成年禮需要舉辦一整天，」查里說，「場地是村莊裡最大間的屋子。村子的所有成年男性都會坐在一邊，而成年女性坐在另一邊。儀式的主持人帶領女孩唱歌、跳舞，並且給她們喝村裡製作的傳統酒精飲料，喝起來就像蘭姆酒。接著，主持人使用能產生深藍色素的種子塗抹女孩的身體，再正式把她們介紹給全體村民。」

查里表示這個成年禮的氣氛很歡樂有趣。「我非常喜歡成年禮。這是我們的文化。真希望這樣的儀式能永遠保持不變地持續下去，保護好我們的古納人身分。」

不過對美國、巴拿馬和其他地方而言，成年禮不只是一種有架構的嚴密管理現象，年紀稍長的孩童和青少年初次進入成年階段的方式，不是眾人關注的焦點，而是從容不迫地展現自我，享受自己喜歡做的事，也就是加入感興趣的粉絲圈。

穿上有搖滾樂團圖案的T恤、密切關注化妝的輔導課、參與網路論壇等行為的意義都超越了表象。但有時候，成年禮也可能涉及一般人認為很危險的經驗，例如，初次接觸嬉皮文化的迷幻藥。這些例子都是現今常見的自主式通過儀禮，也是年輕人展現他們「轉大人」的方式。

在寫這本書的研究過程中，我們詢問了幾千個人：是從幾歲開始對某個主題感興趣，而加入自己感興趣的粉絲圈？他們回答的年齡中位數是十二歲。

圈粉法則

我們在年輕階段經歷的通過儀禮，對我們在成年階段涉足粉絲力有深遠的影響。

十二歲剛好也是我們面臨新責任和新挑戰的階段，這不是很有趣嗎？你有沒有覺得很熟悉呢？那時候我們的身體在發育，荷爾蒙產生了變化，也需要克服更多困境，不管是別人對我們的期望，還是我們對自己的期望。

學校、惡霸、同儕壓力和友誼似乎都突然變得比我們以前面對的情況更重要，或讓我們的感受更強烈。有意識的形成身分認同是解決這種問題的方法，這在另一個令人生畏的世界裡，能給予我們安定心神的力量。

我們一面參照著家族傳統和流行文化，一面逐步建立起身分認同。即使這麼做，經過了幾十年後，以前準備轉換到成年階段的那段歲月，還是會影響到我們後來成為什麼樣的人。我們追隨的品牌和擁有過的經驗，會一直伴隨我們左右。

如何維繫與粉絲的關係？

一九九九年，愛默生・斯帕茨（Emerson Spartz）在十二歲時創立了「麻瓜網」（MuggleNet）。早期的網際網路讓他開始有建立網站、與人分享網站的空間，這是他探索身分認同的方式。如今，麻瓜網是全球最受歡迎的《哈利波特》粉絲網站，但斯帕茨剛開始只是為了檢閱其他有關《哈利波特》的網站，和仔細蒐集情報，找出其他粉絲也會感興趣的內容，例如把書中提到的每一種動物或專有名詞列出來。

麻瓜網吸引了大批粉絲，每個月都有五千萬次的網頁瀏覽量。斯帕茨後來還寫了一本書，而且登上《紐約時報》暢銷書排行榜，也主持了數萬人出席的現場活動。二〇〇五年，《哈利波特》第六集出版時，J・K・羅琳還邀請斯帕茨到她的蘇格蘭住處，接受獨家採訪。羅琳已經厭倦了主流媒體一再詢問同樣的問題，她這次選擇透過斯帕茨的聲音來代表《哈利波特》粉絲圈發言。

斯帕茨對各式各樣的粉絲圈都很有興趣，並以很少人會用的方式關注著流行趨勢。他研究粉絲在 Reddit 等論壇上發文的方式。有些人會在粉絲圈發布第一次推出產品的照片，少數人會特別在粉絲圈慶祝達到的里程碑，比方說，某個有極高討論度且持續一年的話題。

斯帕茨也會密切觀察能反映出文化成熟度的入圈儀式、慣例和價值觀。「我認為在同樣形成宗教基礎的古老傳統與儀式背景下，可以制定出粉絲圈的運作方式，」他接著說，「這是我們擁有的一種社交技術，也是工作上的合作機制基礎。」

對斯帕茨來說，創造和經營麻瓜網是他步入成年階段的途徑，也就是加入他願意納入生活或職涯的粉絲圈。這是一種獲得喜愛事物的方式，就好像他讀了一遍又一遍的書後，能把汲取到的資訊「占為己有」。

「你被動閱讀時，進入的是別人創造的世界。你在創造自己的分身，而這個分身會以某個角色的形式存在，也許是拯救世界的哈利，」他說，「不過只要你能參與創造這個世界，你就能自主地擁有想法和創作內容。這就像在職場上，獲得公司的股票也算是一種所有權，會促使員工為了增加企業價值而更努力工作。同理，參與世界各地的創作內容，也能讓你感覺自己像一位企業家。」

圈粉法則

當粉絲能掌握心儀品牌的部分所有權時，這個品牌就會變成他們身分認同的一部分。

斯帕茨把麻瓜網設計成能表達自我想法的粉絲力，他發現這種形式在許多粉絲圈很常見，也就是粉絲能全心投入自己喜愛的內容，然後把這些內容轉變成自己的東西。「基本上，我們的商業模式是要讓大家覺得投稿是一件很簡單的事，」他解釋道，這樣一來他就能讓其他粉絲覺得他們像是擁有了粉絲圈一般。他在經營麻瓜網的早期階段，就把自己想看的內容列在還沒有編輯完成的網頁上，並註明「假如你有興趣幫忙，請寄信給我」，好讓其他人主動提供相關內容。

有時候會有很多人踴躍投稿，當中有些投稿的人會發覺自己成為在麻瓜網創作的重要成員，並從中找到身分認同。於是，他發現這樣的做法不但能增加網站的瀏覽量，還能使投稿者把自己當作重要的粉絲，並積極參與社群。斯帕茨只是讓粉絲參與創作，就能幫助他們點燃心中的火花，也使麻瓜網成為成年人可以從新的身分認同找到安全感的地方。

「有時候你會發現深藏不露的高手，他們很勤奮、熱情又聰明，」斯帕茨談到麻瓜網的投稿者，「他們最後會承擔愈來愈多責任，然後你再給他們更多機會，他們就會承擔更多自己創造出來的責任。」那些為麻瓜網盡心付出的人，都覺得這個網站已經變成他們身分認同的一部分了。麻瓜網依然以這種方式持續設計網站和組織社群，不斷地增加投稿的人數。

繼麻瓜網之後，斯帕茨又成立了一家叫「Dose」的公司，旨在建立病毒式傳播內容網站的網路系統，並運用他在《哈利波特》粉絲圈發揮的技巧，籌集到的三千五百萬美元資金。

「一般人對粉絲的定義往往太過狹隘，」斯帕茨說：「我們需要把粉絲想成是十分快樂的顧客，這樣就很容易展開一段關係了。」你如何與粉絲維繫關係正是讓這段關係持續下去的要因，比如斯帕茨鼓勵顧客投稿的方式，能讓粉絲把產品或體驗聯想成身分認同的一部分。

讓產品不再是產品，而是社會地位

一家叫「Message」的組織透過研討會、鼓舞人心的演講，幫助青少年成為更有自主能力的成年人。「青少年與企業之間的關係比不上他們與品牌之間的密切關聯，」Message 負責人朱馬・因尼斯（Juma Inniss）說：「當他們對一個品牌產生情感聯繫時，代表他們在當前的人生階段重新組合和確立自己的身分認同，所以這是一種很深刻的感情。」他運用現場音樂和流行文化來幫助年輕人認識時下的科技，並利用這些知識來協助他們銜接工作領域。

因尼斯透過流行文化授課，因為他了解一般人都比較重視有關身分認同的決定。對很多年輕人來說，他們聽哪些樂團的音樂、穿什麼樣的衣服、在社群網路追蹤哪些名人，都是他們向別人展現自我的方式。就連青少年選擇什麼產品，這種看似平凡無奇的決定，也會受到個人經歷的影響。

因尼斯分享的一個例子是耐吉旗下的飛人喬登運動鞋，這個運動鞋品牌象徵著在都市環境和富裕社區的地位，也是有史以來最有影響力的運動鞋。許多成年人會說這不過是鞋子罷了，但他們忽略了鞋子上的標價，也忽略了新聞媒體的宣傳。對還在成長的年輕人而言，這款鞋子的意義遠不止如此。

> **圈粉法則**
>
> **產品一旦變成身分地位的象徵，它就不再是產品這麼簡單了。**

「這是一款有代表性的鞋子，」因尼斯說，「在我還年輕的時候，擁有一雙飛人喬登鞋的感覺真的很棒。大約在過去二十年到三十年的時間，這個品牌在與時俱進、維持文化中的地位方面，都表現得很出色。」好幾個世代以來，許多年輕人都對飛人喬登鞋非常著迷，因為他們看到了自己欣賞的偶像穿上這款鞋子。

一開始是麥可・喬丹（Michael Jordan）穿這款鞋子。「喬丹的事業達到巔峰時，好多人都崇拜他，」因尼斯說，「他擁有大家夢寐以求的生活型態。耐吉很明智地把鞋子定價在一般消費者不會接受的價格。想想看，這在當時是多麼大膽的決策，但這個高價反而帶來豐厚的獲利，因為很多都市的孩子都會想：『如果我買得起，就代表我過得很好。我是值得大家注意的人。』這些孩子當中，有些人後來取得驚人的成就。

如今，飛人喬登鞋的主要形象大使是DJ卡利（DJ Khaled），他可以說是Z世代最具影響力的人物。」這款鞋子一直是身分地位的象徵，因為新一代的偶像在成長過程中，也受到了喬丹的影響，他們早已把這個品牌當成自己的一部分了。

圈粉法則

孩子會從接觸的品牌看到自己的影子，而這些品牌的粉絲圈也是他們將來長大會持續追隨的地方。

「有些品牌代表追逐時尚的地位，或反主流文化的地位。無論是科技、消費者還是零售業，品牌在青少年的生活中都扮演著很重要的角色，因為他們會透過品牌來傳達自己的身分認同，這是他們看待自己本身、自己處在世界上哪個位置的方式。」

那麼，Z世代中的成功品牌和失敗品牌之間有什麼區別呢？因尼斯表示，關鍵在於了解品牌能傳達更深層的意義，並利用這一點去創造優勢，尤其是要善盡社會責任。「全球測量公司尼爾森（Nielsen）最近的一項調查顯示，有七二%的青少年表示他們很願意多花點錢在那些對社會或環境有正面影響的產品和服務上，」因尼斯說，「Z世代很在意這種高標準的潛在社會意識。」

這樣的概念如何適用在所有粉絲力呢？我們已經知道只要鞋子對個人的生活富有意義，就可以創造出產品本身以外的價值。同理，我們可以從某些產品看出孩子認為什麼東西很酷、他們在關注哪些事物，或者他們在模仿哪些名人。

此外，鞋子本身能透露穿戴者的風格，這也能解釋為什麼許多年輕人會選擇具有社會意識的品牌，他們知道品牌的特色終究會反映在他們身上，就好像在公開宣示：「我選擇這個品牌，因為我希望大家知道我是一個很關心環境的人。這樣的決定很有分量，因為品牌能反映出年輕人看待自己的方式，以及他們希望別人如何看待他們。」

老派桌遊，如何在數位時代屹立不搖？

品牌不只是我們對別人展示自我的有力媒介，也是我們探索自我的途徑。換句話說，品牌的作用不只是展現，還能用來創造有關我們自己的故事。

我老公班最近把一個從老家地下室找到的盒子帶回家，裡頭裝滿了舊卡牌。這些卡牌不是一般有典型花色的五十二張牌，上面的圖案都是充滿奇幻色彩的精靈、龍和魔法師，還有暴怒的恐龍和可怕的哥布林*。

這是班在十歲時經常玩的奇幻卡牌遊戲，叫作《魔法風雲會》（*Magic: The Gathering*）。玩家持有套牌後，會在檯面中央的位置對決，各自都可以使用「生物卡」（吸血鬼、美人魚或衝鋒犀牛）或「法術卡」攻擊另一個玩家，以減少對方的生命值。最後一位還留有生命值的玩家就是獲勝者。

我和班一直都給人「怪咖」的印象，我們是在高中的樂團認識的，不過這款遊戲似乎不符合我們平常的音樂怪傑形象。我很懷疑自己是否會感興趣。但我一看到班對這款遊戲一副很興奮的樣子時，就知道自己一定得小試身手了。班以前就算慶祝什麼事，都沒這麼開心過。

---

* 亦稱地精，是一種傳說中的類人生物，有長長的尖耳、鷹鉤鼻和金魚眼。

後來我在 YouTube 看了幾段有關這個遊戲玩法的影片，並參考相關操作說明之後，就了解這款遊戲的玩法了。

然後我就入迷了。

這款卡牌遊戲的特別之處在於：玩家可以從挑選卡牌的玩法，享受到獨特的遊戲體驗，也許這就是它推出超過二十五年還能維持高人氣的原因吧。玩家有數千張卡牌可以選，新卡牌也會不斷推出，遊戲玩法和戰略變化無窮。

玩家會覺得這款遊戲很個人化，因為每位玩家都可以自行組合六十張套牌。像我這種比較喜歡防守的人，會挑一些能保護自己的生命值不受損害的生物卡和法術卡。

班則是喜歡蒐集能迎戰對手的大型生物卡牌，強行突破對手的防禦手段，趁對手還來不及報復前消滅對手。光是這款遊戲就可以讓我們在同一時間找到適合自己的戰略、對決視角，並且充分展現彼此的性格。

馬克・羅斯沃特（Mark Rosewater）是發行《魔法風雲會》的威世智公司（Wizards of the Coast）的首席遊戲設計師，他談到很多關於讓遊戲變得豐富多采又有親和力的方法。

《魔法風雲會》之所以內容豐富，是因為有這麼多張獨具美麗藝術風格的卡牌，並經由故事情節連結到更廣大的線上奇幻世界，至於遊戲令人感到親切，是因為玩家能毫不費力地根據個人需求制定戰略。

「一般人都很看重和自己有關的故事。」羅斯沃特在播客談到《魔法風雲會》時說道。他在設計這款遊戲的過程中，很重視有沒有足夠的靈活性，讓玩家發揮自己的想像力。他期望玩家能使用他在設計卡牌時沒有想到的方法。

他刻意添加一些可以在不同套牌中混搭的要素，藉此創造出更有趣的招式。由於他認真看待玩家自行作決策的重要性，他讓這款遊戲變成許多玩家在現實生活中的一大樂趣。

羅斯沃特在設計這款遊戲時，發現了一些意想不到的事。他後來才了解到，玩家不一定會選擇快速致勝的策略。很多時候，玩家會嘗試採取和一般致勝做法不一樣的策略，因為他們希望有機會和別人分享自己想出來的厲害戰略。很多玩家都覺得：用有趣的新方式玩遊戲帶來的樂趣比勝利還要重要。

另一個可以驗證創造故事有時比勝利還要重要的例子，是二〇一八年的美國職業棒球大聯盟世界冠軍大賽。當時波士頓紅襪隊對戰洛杉磯道奇隊，紅襪隊在七戰四勝制的第五場比賽之前，只需要再贏一場比賽就能奪冠。我聽到很多紅襪隊的鐵粉談到多麼希望紅襪隊輸掉下一場在洛杉磯舉辦的比賽，這樣主場就會回到波士頓，而紅襪隊就還有兩場比賽可以打，並且有機會在主場贏得系列賽。

粉絲期待在波士頓見證勝利的時刻。粉絲想經歷這樣的體驗，即使這代表紅襪隊必須輸掉第五場比賽。這就像羅斯沃特在設計《魔法風雲會》時追求的感覺，也很像我在該遊戲體驗到的感受。

讓玩家能在卡牌遊戲中，以個人視角創造故事的構想，使《魔法風雲會》成為目前最受歡迎的遊戲之一，從班在一九九〇年代第一次玩這個遊戲開始，其銷售業績就一直很出色。值得一提的是，廣受歡迎的實體卡牌遊戲能在高科技電子遊戲盛行時代展現忠堅的粉絲力！

目前《魔法風雲會》在全球有兩千萬名玩家，已印製成千上萬張不同的卡牌，其中許多稀有的卡牌被粉絲視為珍寶。一九九九年，孩之寶（Hasbro）以三億兩千五百萬美元的價格收購了《魔法風雲會》，它至今仍然是該公司最暢銷的遊戲之一，每年的收益大約是兩億五千萬美元。

無論品牌在公司內部或專業領域的呈現方式是什麼，重要的關鍵還是要了解故事本身具有的價值。從羅斯沃特提出的見解來看，品牌在開發產品方面應該要重視靈活性，意即吸引不同消費者選購大批生產的產品，使他們樂意把產品看成個人故事的一部分，他們就會持續投資和信任品牌，進而帶來巨大的收益。

這些消費者最後會變成粉絲，原因是即使產品是大量生產，他們還是能依照自己的喜好來決定使用產品的方式。因此，只要品牌能創造出一個自由發揮的空間，讓不同的消費者願意把產品融入自己的私生活中，這便具備了成功品牌的條件，畢竟多數人還是很在乎能否以獨立個體的身分來表達自己的想法。

班和我常常一起玩《魔法風雲會》，這是我們在一起共度時光的一種方式。我也因此更了解他，比如我發現他小時候珍藏的這些卡牌，間接影響到他長大後的繪畫風格，變成他畫畫的靈感來源之一。這個遊戲就像探知他過去的一個窗口，也是我滿足好奇心的途徑，它的價值已經超出了遊戲本身。

我從小成長的家庭不太拘泥於宗教儀式，我也沒有盛大的「甜蜜十六歲」派對。我考駕照只是因為我需要開車去學校，但我其實一點都不喜歡開車。我高中畢業後，就直接上大學了，迎接更多的學業好像是這個人生階段的下一步，這似乎是合乎常理的進展，卻不是紀念我有所轉變的標誌。當我蛻變為「成年人」的那一刻，就好像只是理所當然的人生發展。

不過我記得很清楚，我參加的第一場演唱會是父親讓我自己挑選的，那時候我還是小學生，我選了紅粉佳人（P!nk）。直到上國中時，我已經不只是單純喜愛樂團而已了，我開始用自己的方式展示自己在聽什麼音樂。我以前喜歡聽重金屬音樂，所以我平常會穿著T恤來證明自己很欣賞惡魔陛下樂團（HIM）、聯合公園（Linkin Park）和騷動樂團（Disturbed）。

我也記得以前我展示過喜愛的書，藉此定義我自己，例如在公共場合攜帶我喜歡看的書，盼著有人問我有關這些書的問題。我還記得全球最大的童書出版公司學樂集團（Scholastic Corporation）募書活動對我產生的影響，每個人都可以在那裡挑選自己想帶回家的書。

而我讀完自己挑的書之後，決定在二十五歲制定專屬自己的儀式，只為了紀念一本特別的書對我的童年成長產生了影響力。那個儀式就是：留下兩條銜尾蛇圖案的刺青，象徵著《說不完的故事》（*The Neverending Story*）裡的「奧鈴」（AURYN）徽章。

從我第一次讀這本書，算起來已經過了十五年，故事的寓意在這段期間持續影響著我，不只呈現在我的皮膚上，也塑造了我的觀念。

回首過去，我發現我無法把真實的自己和從兒時到現在追隨的各種品牌、書籍切割開來。書架上的書、電視上的節目或衣櫥裡的衣服，不能完全代表我的青春期，但這些東西帶給我更深層的意義。我擁有這些東西後，強烈的認同感如同身上的刺青，讓我引以為傲。

而現在，我依然喜歡跟會這麼做的人交朋友。

我大多時候會一個人在沙發上玩的《質量效應》單人電子遊戲，居然能讓維多利亞和我聚在一起。我們的共同愛好化作了友誼的基礎，因此那件運動衫意義非凡。可見這款電子遊戲已經跳脫了品牌的局限，變成我們身分認同的一部分。

第8章

找代言，得名副其實

——大衛

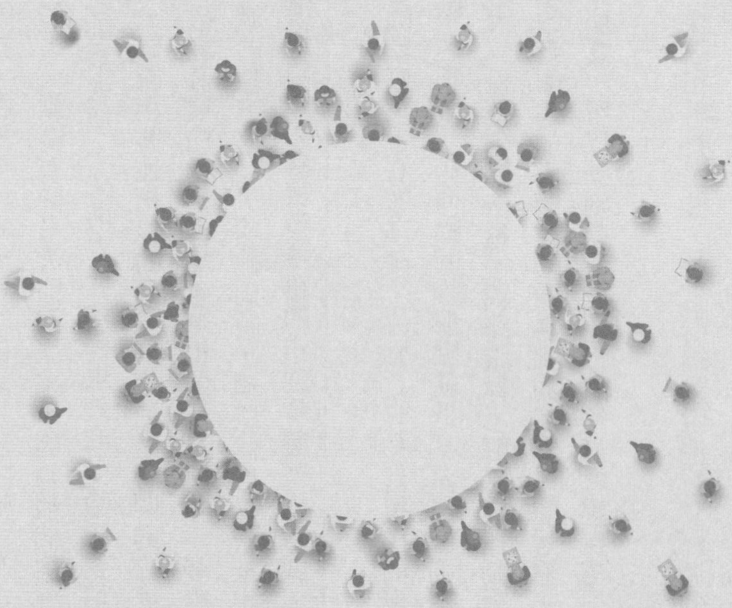

二〇〇一年，KCDC滑板店才剛剛成立，布魯克林的滑板場仍然是反主流文化的避風港，擠滿了在紐約市貧民區尋找靈感泉源的人。當時有許多人擔憂未來，因為他們對九一一攻擊事件*記憶猶新，而且世貿中心的雙子星大樓不久前才於幾英里外的曼哈頓倒塌。而KCDC的成功之處在於：為大家提供了一個能和興趣相似的朋友一起消磨時間的去處。

如今，大約經過了二十年，滑板運動已經發展成愛好者唾手可得的生活風格。曼哈頓已經重建起來，而布魯克林也成了全球最新潮的地方之一。與此同時，網路商店紛紛推出滑板愛好者需要的商品，像KCDC這樣的滑板商店，就得參考紐約市逐步發展的方式，才能蓬勃發展。

「三十多歲的人通常都已經組成自己的家庭，也有孩子了，」KCDC滑板店的老闆艾米．岡瑟（Amy Gunther）說，「滑板運動文化第一次面臨的轉捩點就是：你爸爸可能從小玩滑板長大，你媽媽也可能從小玩滑板長大，但他們無法透過網路讓你了解滑板運動對他們的成長歷程有什麼意義，包括玩滑板時聽的音樂、加入的社群和遇到的朋友。想想看，你上網選購一雙有特價的鞋子時，你不會碰見朋友。所以差別就在於：你的父母會親自帶你到滑板店了解滑板。」

KCDC提供滑板及滑板相關裝備、課程和男女服裝，並且已經跳脫滑板愛好者的資源供應角色，蛻變成一個適合各種富有創意的藝術表演、音樂活動的俱樂部，不但為專業的滑板人舉辦見面會活動，也為協助滑板業中前程似錦的藝人和企業宣傳，而舉辦狂歡派對。

找外行人合作，拉攏不同文化的粉絲

「我的作品有一部分是 KCDC 藝術裝置，」喬許・哈莫尼（Josh Harmony）說。他是專業滑板人、音樂家和視覺藝術家，也是 RVCA（發音很像「瑞卡」）倡導計畫的成員。加利福尼亞州服裝公司 RVCA 是國際性的生活時尚品牌，擁有以藝術家為設計導向的服裝，和創意文化激盪出的配飾傳統。

哈莫尼接著說：「RVCA 會網羅像我這種創造新式藝術和文化的人，然後派我們擔任品牌的擁護者和代言人，例如我們會在 KCDC 參與有樂團演奏的活動，並到處分發貼紙，然後會看到許多人在店家的坡道上玩滑板。這是雙贏的局面，因為我的個人品牌和藝術作品可以透過 RVCA 得到眾人的認可。他們有足夠的資源幫我宣傳，而我創造的藝術也

---

* 二〇〇一年九月十一日發生在美國的自殺式恐怖攻擊事件，當天有十九名蓋達組織恐怖分子劫持四架民航客機，使其中兩架飛機衝撞紐約世界貿易中心的雙子星大樓。

能讓 RVCA 受益。」

哈莫尼是很成功的專業滑板人，他從十七歲開始就在業界一些知名滑板影片和雜誌中亮相，包括多次登上 Thrasher 滑板專業雜誌的封面。他現居加州，是一個自學成才的音樂家和藝術家。他出過的幾張個人專輯都是和雀斑樂團（Freckles）一起演奏，而且一直都有人把他的音樂用在滑板影片中。

他的藝術作品在世界各地的畫廊展出，某些著名滑板公司也會把他的設計用在滑板上的圖案。在 KCDC，他曾經創造出九幅色彩豐富的新奇油畫，畫作上有海灘風景和鳥類，其中最大的一幅畫描繪了加州新港灘碼頭上的望遠鏡。

「RVCA 把我們做的成品、我們的天賦或才能，包裝成平易近人的品牌，」哈莫尼說，「像我在 KCDC 算是年長的專業滑板人，今年已經三十五歲了，所以我在這裡推廣藝術是很有意義的事，因為年輕一輩的人可以看到不同職業的可能性。」

RVCA 的「V」和「A」象徵著兩個對立面之間的平衡點，並代表藝術與商業兩個「風馬牛不相及」的領域基本上能共存共榮。該公司專門找運動員和有才華的藝術家一起合作，他們跟哈莫尼一樣都是有好幾種愛好的人。

「我開始為 RVCA 溜滑板時，恰好是在 RVCA 剛創立沒多久的階段，」哈莫尼說，「我漸漸對滑板很上手之後，對音樂和藝術的熱情也隨之高漲。而 RVCA 也運用我創造的這些作品，來推廣他們的品牌。RVCA有鮮明的生活風格、衝浪和滑板文化特色，所以他們也會挑選符合這個圈子的人才。

他們會請我在一些聚會上演奏音樂，或把我的藝術作品帶到大型活動上，為的是展現出品牌的精神。RVCA很欣賞有趣、酷炫又暢銷的成品，他們的獨特行銷作風總是能從對立的事物中找到平衡點。」

許多像RVCA這樣的公司都選擇與外行人合作。這些外行人的工作就是擔任拉攏顧客的品牌擁護者，他們都很渴望分享自己有多了解公司、產品和服務。熱情的品牌擁護者可以是員工（會在第十二章探討細節）、顧客、業界專家或知名的公眾人物。

RVCA有一項倡導計畫，他們不斷尋找像哈莫尼這種有才華的品牌擁護者。他們希望擁護者能吸引不同次文化的人，尤其是那些不局限在特定運動、愛好或娛樂活動的擁護者。

RVCA的擁護者和一般有薪酬的名人代言不同，因為擁護者實際上花了不少時間去了解團隊，並且需要與顧客建立良好的關係，就像在KCDC的活動場合一樣。除了RVCA品牌投資擁護者帶來的經濟效益之外，這個品牌也很適合他們的生活型態。值得一提的是，RVCA擁護者並不是參與一次性的交易，而是長期盡心盡力的投入。

顯然，成為RVCA的擁護者有這麼多好處，實在是個令人嚮往的角色，而且競爭非常激烈。雖然RVCA有幸管理優質的團隊，但擁護者與RVCA之間的合作關係卻有排他性，也就是說，藝術家或運動員在合約的生效期間，必須專心效忠於RVCA，不過他們也有可能與服裝業之外的公司合作。合約期限至少為期兩年，但有不少情況是延長合約期限。

可想而知，要找到適合的擁護者需要經過多道篩選程序，可能要花費一年的時間審核人選。要經過一段按部就班的緩慢過程後，公司才會宣布錄取的團隊人選。此外，現任的擁護者對於是否讓潛在的新擁護者加入團隊有發言權。

RVCA的社群媒體負責人泰勒·卡伯森（Tyler Culbertson）解釋說：「一般來說，生活風格和極限運動公司都很關注衝浪、滑板或其他運動。但RVCA所做的一切都離不開對立面之間的平衡點。我們的擁護者包括一群才華洋溢的藝術家、技術高超的衝浪者、技術一流的滑板高手，以及綜合格鬥世界冠軍。」

除了哈莫尼，還有一些人是RVCA的品牌擁護者，包括公認是有史以來最重要的知名滑板人之一安德魯·雷諾茲（Andrew Reynolds）、世界頂尖衝浪巨星布魯斯·艾恩斯（Bruce Irons）、奪下世界衝浪聯盟女子錦標巡迴賽冠軍的薩奇·埃里克森（Sage Erickson），以及公認是史上最優秀的綜合格鬥家之一B·J·潘尼（B. J. Penn）。

至於藝術家的品牌擁護者也包括：美國街頭藝術家崔大衛（David Choe）。在臉書成立之初，執行長馬克·祖克柏曾委託崔大衛在公司的辦公室繪製壁畫，因為祖克柏是崔大衛的粉絲，很欣賞他的創作。崔大衛明智地選擇臉書的股票作為報酬，臉書在二〇一二年首次公開募股時，他的股票價值約為兩億美元！我撰寫本文時，這些股票的價值就超過十億美元了，可見他的藝術委託案件是天價啊！

「我們有一群才高八斗的藝術家、衝浪高手和滑板高手，」卡伯森說，「照理說，藝術和運動這兩個不同的領域聚在一起，就像油和水一樣合不來，但RVCA卻成功地把兩者結合在一起，事實證明行得通。我們也有許多擁護者橫跨多種次文化。有人是專業的衝浪者，但同時也是音樂家和畫家。有人的專長是溜冰，同時也是攝影師、雜誌製作人，或各種不同事物的策展人。」

RVCA與幾十位這麼傑出的名人合作後，自然而然融入了這些了不起的運動員和藝術家的文化。他們的背景很多樣化，包括不同的運動、次文化和出生地，不過技能和經驗整合起來卻非同一般。

圈粉法則

吸引不同領域的專才聚集在一起，能創造出意義非凡的人脈，而這些人脈能引領你打造忠誠的粉絲力。

「有些品牌很注重內部的競爭，但RVCA不這麼做，」卡伯森說，「我們比較注重藝術家或運動員能不能盡其所能地表達自己。創造內容是他們支援RVCA的當務之急。他們在拍照和拍攝影片時，都要穿戴產品。我們希望品牌擁護者能發揮所長、追逐夢想和精益求精。我們不會去干預他們。」

多年來，在社群媒體流行之前，衝浪和滑板的事業都很依賴影片宣傳。「幾十年前，極限運動的產業在內容創作方面遙遙領先，」卡伯森說，「如今衝浪和溜冰的資訊都集中在社群媒體，所以我們的擁護者不斷創作新內容，藉此保持社群媒體帳戶的活躍狀態，也讓粉絲看看運動員在幕後旅行、衝浪、溜冰的生活，或看看藝術家的生活，凸顯出他們從事其他能激發熱情的活動。」

卡伯森負責經營RVCA的社群媒體帳號，包括公司在Instagram有六十多萬名粉絲追蹤的「@RVCA」帳號。他與擁護者密切合作，幫他們規劃要在RVCA的社群媒體推文上創造的分享內容。他們需要動腦思考和發揮想像力，才能推出迎合RVCA粉絲喜好的內容。此外，每位擁護者在自己的推文創作的圖像和影片，也為卡伯森帶來不少樂趣。

「Instagram非常適合簡短又淺顯易懂的內容，」卡伯森說，「所以我們不斷在粉絲圈推出能凸顯隊員的新照片和新影片。我每天都得變出新花樣，為的就是讓粉絲期待從我們的Instagram看到獨特的內容。他們知道自己會有不一樣的體驗，也知道自己能在別人到處轉發內容前，就能先看到第一手消息。我要保持這樣的新鮮感，努力突出我們的產品特色，也要突出和讚美我們的擁護者。」

RVCA鼓勵滑板、衝浪等運動領域的粉絲與明星建立良好關係，因此創造出專屬的粉絲力。此外，RVCA的文化內涵能吸引一些對他們公司設計的服裝感興趣的粉絲，則是另一項優點。

品牌擁護者很樂意宣傳你的品牌

如果顧客和你做生意就有機會認識其他新朋友的話，他們會很願意和你保持聯絡。你要創造出讓他們迫不急待想再嘗試一次的體驗，他們才會把遇到的奇妙體驗告訴別人。到最後，你的付出會激發熱情，然後你就能建立起屬於自己的粉絲力。

名人代言的概念已經在平面廣告和電視廣告存在幾十年了。舉例來說，在一九五〇年代，演員隆納・雷根（Ronald Reagan）在從政、當選加州的州長和美國總統之前，曾經主持《奇異劇場》（*General Electric Theater*）多年。這是每週播一次的熱門電視節目，雷根的明星架式幫奇異公司（GE, General Electric Company）拉攏了許多對產品感興趣的粉絲。

這些粉絲很信任雷根，因此連帶提升奇異公司的產品銷售表現。家家戶戶收看雷根主持的節目，讓他創造出有親和力的可靠形象，這樣的形象在數百萬人的心中延續了好幾十年。許多人都認為這正是幫助他前進白宮的關鍵。

網紅行銷不一定有效

現在許多人所稱的「網紅行銷」概念已經成為一種吸睛的流行方法。做法是：先找出能對特定產品或服務的買家產生影響力的人，或在特定群體中很受歡迎的人，然後制定能吸引買家的行銷計畫。

社群媒體已經成為粉絲直接和他們關注的業界專家、演員、音樂家、作家、藝術家或運動員互動的常見管道。你應該知道許多企業在名人身上投入大量的資金，是為了請名人擔任品牌代言人，企業會時常要求他們在社群媒體發布廣告貼文。

這些名人和企業簽約做交易，用自己的名聲換取企業提供的報酬、免費餐點、飯店套房、旅行費用、名師設計的服裝和珠寶。有了名人背書的加持，企業生產的商品或服務就有機會大幅增加能見度。但這樣做有效嗎？那可不一定。

請卡戴珊（Kardashian）家族的一員戴上首飾，參加一場活動，然後在社群媒體發布當晚的照片，也許能短暫引起大眾注意。但如果他們只戴一次你想宣傳的首飾，而且大家也看得出來他們不是真的很喜歡那件首飾，那就不太可能持續增加銷售量。

你也可以想想看米凱拉・蘇薩（Miquela Sousa）的例子。她是個「喜歡變化的音樂家」，有一百六十萬名粉絲追蹤她的 Instagram 帳號「@lilmiquela」，但其實她卻是電腦產生的虛擬人物。

已經有愈來愈多像她這樣展示商品的機器人網紅，這些商品的公司包括卡文克萊（Calvin Klein）、迪奧（Dior）和三星（Samsung）。就算請卡戴珊家庭成員推廣你的商品，不太可能帶來長期的利潤，但至少他們是真人呀。

圈粉法則

「名副其實」的人，才是最適合幫你推廣想法或產品的人選。

「網紅行銷」也可能出現網紅踰矩，或不懂得呈現企業正面形象的情況，導致行銷成果在一夕之間變糟。因此切記：**任何與你雇用的人有關的負面消息，都會損害到品牌形象。**

小心處理政治與社會敏感問題

二〇一八年，耐吉在公司進行的「去做就對了」（Just Do It）活動中推出新廣告而引發爭議。這則廣告特別介紹國家美式足球聯盟（NFL）的四分衛科林．卡佩尼克（Colin Kaepernick），他曾經在二〇一六年為了抗議種族不平等，而決定不在國歌演奏時起立。因此，耐吉選擇讓卡佩尼克擔任品牌擁護者是大膽之舉，畢竟他是個備受爭議的人物。

二〇一六年，卡佩尼克在季前賽的一次賽後採訪中，解釋他反抗的原因：「面對一個壓迫黑人和有色人種的國家，我不願意為國旗起立，因為這不是什麼值得驕傲的事。我認為這麼做比踢足球還要重要，視而不見才是自私的作為。街上到處都是屍體，犯案的人卻享有帶薪假，從此逍遙法外了。」

卡佩尼克在二〇一六年表態不久之後，他的球衣在NFL網站上變成最熱賣的暢銷品。同時，很多人湧向社群媒體表示反對的立場，他們認為卡佩尼克的舉動缺乏愛國心。

當耐吉宣布與卡佩尼克合作的關係時，社群媒體出現愈來愈多「聯合抵制耐吉」

（#NikeBoycott）主題標籤。然後，許多人開始陸陸續續熱情地分享與耐吉鞋子有關的影片，同時有數千人對此舉表示認同，並在社群媒體公開支持耐吉。

企業捲入政治或飽受爭議的立場時，一定會有風險。雖然有六七%的消費者認為，某些品牌在社群媒體發表社會和政治問題的可信度很高，但社群媒體軟體公司 Sprout Social 發布的〈支持社群媒體時代的變革〉（*Championing Change in the Age of Social Media*）報告指出，難免還是會有些在公開場合暴怒和表達不滿的人。耐吉雇用卡佩尼克是很冒險的決定，不僅充分體現了耐吉品牌的價值，也吸引了多數人關注。到頭來，支持卡佩尼克的粉絲更有可能繼續與耐吉往來。

整體來說，我們建議企業要小心介入可能淪為社會爭議立場的問題。另一方面，在這個立場變得兩極化的世界裡，像耐吉這樣聲明立場的做法，確實能傳達組織支持的理念，既勇敢又讓人印象深刻。

建立忠於自我的品牌合夥關係

許多名人在自己的 Instagram 或 YouTube 等社群媒體宣傳產品，藉此收取一次性的廣告費用，而廣告商也希望透過名人接觸到更多觀眾。不過，這種合作模式比較像是買下單一雜誌廣告，而不是把名人塑造成「名不虛傳」的品牌形象大使。這類廣告很容易使大眾質疑廣告商和產品，因為他們會識破「業配文」。

「如果我發覺自己很喜歡在家裡使用某家公司的產品，我會很想找人分享使用心得，」莎拉．貝斯（Sarah Beth）說，「我很重視人際關係，也很在乎大家對我的信任，所以如果我說我喜歡某個產品，大家不會覺得我在對他們推銷，因為這不是我的作風。」

莎拉．貝斯是莎拉．貝斯瑜伽（Sarah Beth Yoga）的創作者和明星，她每週在 YouTube 發布免費的瑜伽系列影片，擁有超過五十五萬名訂閱者。她也積極經營自己的臉書和 Instagram 平台，分別有六萬名追蹤者和四萬五千名追蹤者。她的瑜伽影片側重在伸展、強化、鍛鍊和放鬆。此外，她還提供會員計畫和應用程式，給需要客製化瑜伽練習的人。

圈粉法則

理想的品牌形象大使與公司之間會有真誠的互動關係，他們也是公司產品的忠實粉絲。

若站在莎拉・貝斯這種有影響力的網紅立場來看，光是要處理一大堆請求協助推銷的訊息，就讓人吃不消了。絕大多數的品牌行銷人員其實都不認識潛在的品牌擁護者，他們只是自顧自地傳送垃圾郵件給數百位擁有大批粉絲的名人，目的是希望當中有人同意向粉絲推廣公司的產品。

「我每天都收到五十多封電子郵件，內容都是請我幫忙宣傳產品，」莎拉・貝絲說，「我根本就不想回覆他們，我也不應該理他們，因為有太多人直接複製和貼上要我評論產品的請求內容。有些人甚至把我的名字拼錯。我也很難從郵件判斷哪些產品值得信任，或值得我投入時間。」

莎拉・貝絲已經和 KiraGrace 合作了好幾年，這家公司的產品是高級運動服裝。「我和 KiraGrace 的合作很愉快，所以我們一直保持合作，」莎拉・貝絲說：「他們每一季都會寄一套衣服給我，然後我會穿上衣服拍影片。我現在對自己要介紹給粉絲的產品非常挑剔，比如說，如果我察覺到不少粉絲都很欣賞某家公司的服裝品質，我就會和這家服裝公司維繫深厚的合作關係。至於其他一次性的產品評論案件？我一點興趣都沒有。」

辦活動把有影響力的大人物聚在一起

TopRank Marketing 行銷顧問公司是一家 B2B 行銷機構，合作對象包括 Adobe、領英、SAP、3M 和甲骨文（Oracle）。這家公司的共同創辦人暨執行長李・奧登（Lee Odden）寄給我的電子郵件內容很簡潔、友善又熱情：「我看了一下 B2B 行銷交流會議的演講人名單，很高興看到您被選為主講人。剛好我在準備一些宣傳活動（也是我平常在忙的事），誠心邀請您接受我們的獨家專訪。您有興趣嗎？如果您有興趣的話，我會再提供您專訪細節，也會盡力以簡單便利的形式與您合作。☺」

我和李・奧登先前在一些行銷活動的場合相談甚歡，我們平常也在社群媒體上保持聯繫，所以我很快就答應幫忙他了。奧登解釋說他在構思一本關於 B2B 行銷的互動式指南《如何突破乏味的 B2B 模式》（*How to Break Free of Boring B2B*），這本書即將在 B2B 行銷交流會議召開前一週左右出版，那場會議有大概一千兩百位專家會出席交流想法。

除了我，奧登還邀請其他十幾位專家來分享 B2B 行銷建議，包括蒂姆・瓦什（Tim Washer）、潘姆・迪德（Pam Didner）、阿爾達斯・阿比（Ardath Albee）和布萊恩・范佐（Brian Fanzo），這些人和我一樣都是這個活動場合的演講人。還有其他參與報告的 B2B 品牌專業人士，他們來自 3M、Google、Demandbase、PTC、Fuze、Terminus 和 CA 科技（CA Technologies）等公司。

互動式指南的特色是有一隻動畫熊，使得大家的發言在有趣又好玩的氛圍下進行（完全不會枯燥乏味）。報告的開頭寫著：「B2B不一定是無聊至極的東西，但偏偏有那麼多令人厭煩的企業行銷方法聲名狼藉。在資訊爆炸的世界裡，買家會希望從他們信任的消息來源取得引人入勝的內容。」

我看完報告後，就在社群網路分享心得，並且加上會議的主題標籤「#B2BMX」、TopRank Marketing 的推特帳號「@TopRank」。很多其他為報告貢獻一己之力的人，也都像我一樣這麼做，接著有數千名感興趣的行銷人員聯繫我們。一週後，我們當中有許多人在B2B行銷交流會議現場，再度分享自己的想法。

圈粉法則

品牌擁護者渴望宣傳自己十分關心的事。

奧登和他的 TopRank Marketing 團隊非常巧妙地吸引很多人來為公司宣傳，進行的方式對每位參與者都很有幫助：

- 每位參與報告的人，都跟我一樣積極分享自己的觀點，而我們創造的內容最後得到了世界各地行銷人員的關注。
- 出席這場活動的人及廣大的 B2B 行銷人員社群，都可以了解如何使行銷方式變得更有趣、更有說服力的各方說法。
- 負責籌備會議的人也都能從活動展開前的宣傳內容得到收穫。
- 前述這些人都能吸引更多人認識這份報告的創作者 TopRank Marketing。

「我們很努力在拉攏支持品牌的粉絲，並設法引起他們的興趣。這類報告就是我們採取的主要方法，」奧登說，「我們希望與精通這個主題的專家合作，並且一起創作內容。他們可能在幾分鐘內就創作出部分內容，然後回頭告訴我們，哪些比較不熟悉的部分需要幾週或幾個月時間準備，最後他們就能回來與大眾分享這個主題了，這套流程能創造出共同的價值。參與其中的每個人都是贏家。舉辦活動也是很重要的部分，才能把有影響力的人物聚集在一塊。」

如何與品牌形象大使合作？

如果品牌需要在已經擁有大批粉絲的名人（作家、藝人和運動員等）與其粉絲之間建立真實的關係，就必須先與這些有影響力的名人培養深入發展的人際關係，這也是奧登重視的層面。

「我們在舉辦會議之前，會把演講人的名單上傳到一個叫作「Traackr」的軟體，這套軟體是一種網紅管理平台，」奧登說，「功能是在社群網路搜索每個人分享的內容，並且根據我們輸入的關鍵字，找出演講人的話題相關性。我們可以從每位演講人的聽眾反應進行排名，包括可以找出哪位演講人在相關話題中最受矚目。接著，我們會考慮那些有私下互動過的人。這個流程感覺上有點像藝術，又有點像科學。我們最後會主動邀請一些人進行報告方面的合作。」

奧登使用這種方法與品牌擁護者合作七年了，事實證明這是能幫助相關人士建立粉絲圈的有效方法。他的合作對象包括來自Google、PayPal、普華永道（PwC）、Progressive、強鹿（John Deere）、開拓重工（Caterpillar）、卡夫亨氏（Kraft）、波音（Boeing）、英特爾、IBM、萬豪（Marriott）、微軟、湯博樂和臉書等公司的大人物。

「只要有人的專長領域能與我們希望宣傳的方式相得益彰，他就是我們需要的人才，」

奧登說，「我們也會為這些人才創造展示才華的機會，並且盡力為有影響力的人物創造令人興奮的內容，給他們一個亮相的舞台。這當中有許多人後來都對我們很有幫助。」

大約十年前，奧登列出二十五位在數位行銷領域最有影響力的女性，引起市場廣泛關注。他每年都會更新這份榜單，現在已經改稱為「震撼數位行銷界的女性」（Women Who Rock Digital Marketing）。

「我們的社群每年都會為『震撼數位行銷界的女性』榜單推薦新的人選，」奧登說，「這次是我們在領英的紐約辦公室舉辦第十次的年度活動，特別邀請那些優秀女性一同來慶祝她們在數位行銷領域中的傑出事蹟。

這個活動對我們機構很有意義，因為我們誠心認同和表彰女性的貢獻。從因果循環的角度來看，回報很可觀。我們不奢求回報，商譽卻變得更好了。『震撼數位行銷界的女性』榜單上的許多女性，都在社群網路推薦我們，還有幾位女性聘請我們為她們的公司行銷。」

奧登與品牌擁護者培養交情的方式很誠懇。「努力與網紅產生共鳴是很重要的事，要多花點時間去研究他們在乎什麼，」他說，「假設他們是作家或主講人，你能不能用他們偏好的方式來幫他們宣傳呢？」

「至於品牌代言人，我會用不同的方式維繫關係，畢竟他們不是因為真心支持品牌才發揮影響力，而是把代言當成工作。找到不同的人在乎什麼事，不但需要花時間做些功課，還需要好奇心。」

這種建立粉絲圈的做法是 TopRank Marketing 成功的要素。奧登說：「只要態度真誠和有同理心，別人就會更關心你的成功。他們關心你時，會把你當作一個品牌，也會關心你這個人。這些可靠的人才都是各個產業的佼佼者，能為我們開創機會。在我從商的十八年裡，我從來都不需要雇用推銷員，這些人才會幫我們『帶財』來。」

奧登與我們分享了如何在 B2B 市場實踐品牌宣傳計畫的細節，當中有許多想法也適用在消費者身上。你需要培養真心支持品牌的擁護者，他們喜歡你的公司、產品和服務，其實要比你花錢請人代言更容易打造粉絲力。

與「離職員工」保持聯繫，能有效推廣公司

「麥肯錫讓我對如何經營一家公司有了實務方面的見解，」樂高（LEGO）集團的董事會執行主席約根．維格．努斯托普（Jørgen Vig Knudstorp）說道，他剛從商時，是在國際管理顧問公司麥肯錫（McKinsey & Company）的哥本哈根辦事處擔任專案經理。他說：「我有無窮無盡的求知欲。身為領導者，我很渴望吸收知識。我以前在麥肯錫待過，知識資源是

我享有的一大優勢。」

除了組織的現任員工（會在第十二章探討細節）及成為品牌擁護者的外行人，公司還有其他很重要的形象大使——前雇員，麥肯錫稱之為「老同事」。這些人以前在公司工作了幾年，然後轉換人生的跑道：有人回學校念書，有人開始創業，還有人選擇跳槽了。

雖然這些人不再回到先前的公司工作，但還是很積極地參與公司文化，許多人都跟努斯托普一樣很喜歡這麼做。每當麥肯錫的「老同事」回頭讚美公司、產品和員工，就會形成很有說服力的品牌代言。

麥肯錫擁有龐大又歷史悠久的「老同事」人脈，有三萬多人在私人部門、公共部門和社會部門擔任領導職務。他們在全球一百二十五個國家生活和工作，其中有將近兩萬人到北美洲以外的地方打拚。

公司透過麥肯錫前雇員中心（McKinsey Alumni Center）的官方平台網站，鼓勵這些「老同事」形象大使協助麥肯錫組成的國際人脈與公司、知識平台和其他人保持聯繫。

每年都有成千上萬名的「老同事」和公司成員，在這個活躍的人脈網相互交流和合作。這種會員資格不但對前雇員有好處，還能展現出：這些雇員對自己曾待過麥肯錫的歲月抱持著熱忱。

麥肯錫「老同事」計畫著重在終生職涯發展，和維繫持久的人際關係，能團結全球商界的關鍵人物。許多麥肯錫的「老同事」跟努斯托普一樣，離開公司後都轉任擁有重大影響力的職位。在這些人當中，每五個人之中，就有一人已經創辦了自己的公司，還有四百五十人經營十億多美元的企業。每當他們讚揚麥肯錫時，麥肯錫的粉絲力也會因此擴展。

試試成為中國網紅

我的學員史蒂芬・圖爾班（Stephen Turban）跟我們說：「我在大學快要畢業時，給自己的一個挑戰是：『我能在中國當網紅嗎？』」他的中文普通話說得很流利，最近剛從哈佛大學畢業。

「我一直都對中國的網路粉絲文化很感興趣，」圖爾班說，「中國的年輕人每週都花幾十個小時關心他們欣賞的網紅消息。於是我開始思考一個問題：『我也能加入網紅的行列嗎？』我有個也在哈佛大學念書的同學叫孫雨彤，她已經變成中國網紅了。她和雙胞胎姊姊孫雨朦都在中國當網紅，而且她們的微博（很像推特的中國微網誌）有將近一百萬名粉絲。所以，我問她願不願意當我的師傅，也就是教我怎麼在網路上大紅大紫的精神導師。」

圖爾班下載了微博應用程式，然後在「孫師傅」的幫助下，他在自己的微博簡介寫著

「哈佛二〇一七屆統計學畢業生唐文理，人稱哈佛一哥」。

「我很快就發現自己在中國只有三個賣點：我會說中文、上過哈佛大學、膚色和脫脂牛奶差不多。我取好名稱和辦好微博帳號後，就準備開始探索了。第一步就是發想內容。孫雨彤幫我用中文編寫簡短的笑話，再放上一張我們的合照，就完成第一則貼文了。她幫我發布之後，還回到她自己的微博帳戶幫我按讚。」

接著，一大群網友湧入。

幾分鐘之後，圖爾班的微博粉絲人數從十人增加到三百人。到了當週週末時，他已經有將近七百名粉絲了，孫雨彤的名氣多多少少也讓他跟著沾光。她只是在圖爾班的貼文按讚，就能吸引其他人想了解一個叫史蒂芬的哈佛畢業生。

圖爾班很快就發覺到，只要他開始有規律地創造新影片，就能彌補自己欠缺的行銷技能了。然後，他和孫雨彤有了一個想法：「要不然我們來拍一部有關『這位老外是怎麼在中國變成網紅的？』的影片，怎麼樣？」

經過幾個小時的拍攝和剪輯後，圖爾班的影片準備好了。他把影片發布到微博，然後等著。結果這部影片大受歡迎，他的粉絲人數從七百人增加到數千人。

他開始每天在微博發布貼文，經常分享自己的照片。他每週至少製作一部影片，每個月直播幾次。不久之後，他就有上萬名中國粉絲，而且他的影片瀏覽量超過一千萬次。

「在中國學習怎麼當網紅很有趣，因為我在過程中遇到很多重要的人，」圖爾班說，「其中最重要的一群人是我的合作夥伴，孫雨彤和其他幾位中國網紅都是我在大學認識的好朋友。另一群人是我的『超級粉絲』，他們很忠實地關注我的內容，而且我後來也跟他們成了朋友。他們多半是想了解海外教育的年輕中國學生。我們每隔幾天就會互傳訊息，我也會根據他們提出的問題，用傳送私人訊息、留言或製作影片的方式來給他們建議。」

圖爾班很享受在中國成名的過程，但他大學畢業後，就漸漸減少使用中國的社群媒體了，因為他開始質疑自己當網紅的動機。「我走上網紅這條路，有什麼正當理由嗎？」他疑惑地想著：「我到底想要什麼？名聲？榮耀？只為了做出一些不爽貓（Grumpy Cat）* 迷因的表情？隨著時間過去，我發覺自己真正喜歡的部分是與學生保持聯繫，以及幫助他們解決問題，我也不是那種會擔心粉絲數量減少的人，所以我開始放慢在社群媒體發文的速度，花更多時間在培養與粉絲、合作夥伴之間的關係。」

圖爾班畢業幾年後，依然偶爾會使用中國的社群媒體，不過他與一般擁有大批粉絲的網紅不同，社群媒體並不是他的主要收入來源，他沒想過要靠收取品牌贊助費來賺錢。他在中

* 憑著一副不悅表情一炮而紅的雌貓，名為迷因（Meme），曾被美國新聞頻道 MSNBC 譽為二〇一二年最具影響力的貓。

國社群媒體擁有保持聯繫的朋友，同時會定期發布自己的照片和影片。

「我已經完成了當中國網紅的實驗，所以接下來我想繼續做自己喜歡在中國社群媒體上做的事，比方說練習中文、約人出來見面、了解中國的流行文化。另外我也要摒除不喜歡的部分，像是不要太過在意粉絲人數、按讚次數和留言數量。」圖爾班說，「坦白講，我很感謝孫雨彤，也很感謝我有機會展開中國明星之旅。我已經親身了解中國、我自己，以及社群媒體名聲所帶來的刺激感，所以這趟旅程已讓我覺得不虛此行了。」

第9章

突破障礙，賣進粉絲心坎裡

——大衛

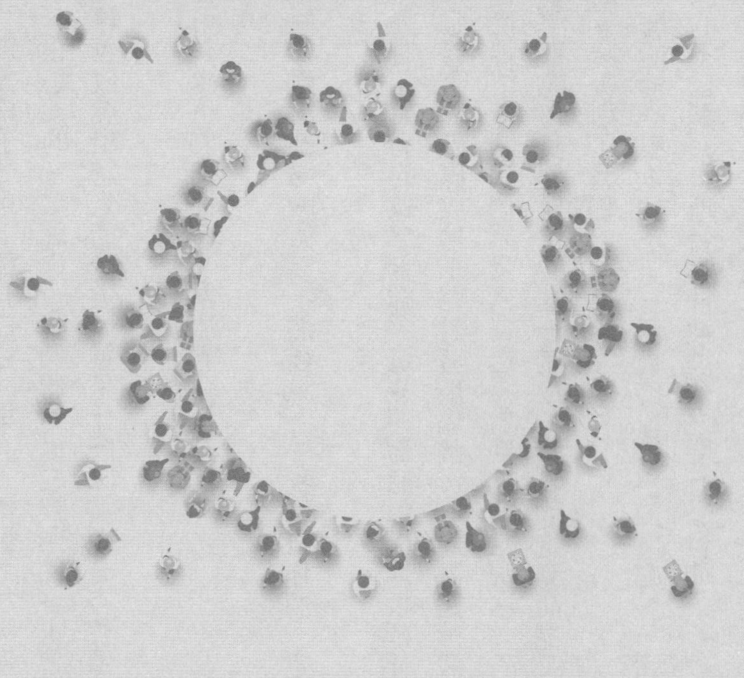

電梯門開了，玲子、裕佳里和我瞥見了幾張桌子，桌上都有白色的桌布、高腳酒杯、明淨的鍍銀餐具，還有插著一朵花的小花瓶。在輕柔的音樂聲中，我們聽到坐在裡頭的客人傳出笑聲。此時香味撲鼻而來：新鮮出爐的麵包散發出誘人的味道。這是什麼味道呢？杏桃還是皮革？

「您有預約嗎？」輪到我們排在等待用餐隊伍的前面時，女服務生問道。

我報上名字。「我們訂了私廚料理。」

女服務生的眼睛為之一亮，對我們三個人露出神祕的微笑，然後說：「我保證你們一定會很滿意。」

我們跟著服務生經過一條兩側擺放無數瓶葡萄酒的狹窄走廊，這些葡萄酒由從地板延伸到天花板的玻璃牆圍起來，形成儲藏櫃。服務生和碗碟收拾工背對著玻璃牆，一起讓路給我們，並向我們打招呼，他們散發出來的喜悅神情，讓我們感受到自己是當晚的幸運兒。有張桌子是專為我們預留的，這是整間餐廳為我們保留的唯一座位。當我們走到明亮又熱鬧的餐廳中央時，從不同備菜區傳來的氣味吸引了我們的注意力。

周遭的聲音很嘈雜，一下子有滋滋作響的油炸聲，一下子有廚具碰撞發出的噹啷聲，還有櫥櫃開開關關的聲響。廚師在光潔閃亮的不銹鋼大料理台和抽油煙機之間行動自如。有太多畫面可以看了！我們有幾個小時的時間能好好觀賞。太棒了！

我們三個人都面向大廚房坐下，座位是增高的平台，背對著牆面，整個視野很清楚。私廚料理沒有菜單，這是機密！

在這家位於波士頓的 L'Espalier 餐廳裡，我們坐在最昂貴的搶手座位。這邊沒有觀看美景的優點，用餐區也不是在一間有專屬服務生的私人包廂。

賣點是廚房。

每天晚上在最繁忙的時段，只有一組客人能坐在 L'Espalier 的私廚料理座位，人數上限是四位。在這個特別的夜晚，我們享用十五道主廚精選的菜色時，細心的工作人員一面講解餐點，一面講解備菜的過程。我們了解到每個供餐區的用途，以及他們處理點菜的流程。

我們在 L'Espalier 餐廳不只吃到精心準備的佳餚，也深入體驗周遭的用餐環境，比如說我們能感受到瓦斯烤肉爐在烤肉時散發的熱氣，也很驚訝地看到廚師不小心滴錯醬汁後，就把稍有瑕疵的食物扔進垃圾桶了。

另外，我們也注意到主廚的幾位助理很拚命幹活，同時要應付許多不同差事，而其他助理則是小心翼翼、有條不紊地一遍又一遍做著同樣的動作。

那天晚上，玲子、裕佳里和我都在 L'Espalier 餐廳見證了一頓美食以外的特點：我們永遠會銘記在心的一門行為藝術。

只有好產品或服務還不夠

一般組織著手提供產品或服務時，往往都會犯一個關鍵的錯誤：認為成立組織只是為了提供產品或服務，就好像他們只需要達成交易就行了。

你們提供速度最快、時下最流行、價格最低的產品或服務嗎？為什麼我應該要買你們的產品，而不去買其他公司的產品呢？只專注在產品的特性，通常會陷入削價拋售和劣質服務的泥淖。

這不是建立粉絲力的好方法。

> **圈粉法則**
>
> 只專攻產品這一塊，導致的結果就是一場削價競賽。

克服產品競爭引發的混亂，是現今各種組織必須面臨的挑戰。許多組織嘗試以不一樣的方式嶄露頭角：不是提供折扣，而是提供額外好處、升級服務，以及加強產品功能。

但這樣的做法通常只是在標準產品的基礎上，添加一點華而不實的東西。這類的商業模式也不會引導組織創造粉絲力，因為一般消費者不會把額外的有利條件當成獨一無二的東西，反而認為自己支付的產品費用包含了這些「贈禮」。他們識破了賄賂手法，這麼做對他們來說不足為奇。

到 L'Espalier 餐廳吃私廚料理的特別之處在於：用餐者能獲得交易以外的體驗。你可以在現場見識到廚房幕後的運作流程，了解餐點的準備方式，因此享有值得紀念的經歷。

幾年前，許多顧客還覺得免運費的網路購物很特別，如今倒不覺得新奇了。現在連免費的隔夜送貨服務都很普遍。如果亞馬遜公司提供當日送貨服務時，有時你隔天早上才收到包裹還會嫌慢。

許多消費者都已不再把「免運快速到貨」當作寶貴的附加價值，因為他們已經習慣把運費列入支付的總價。消費者比以前更精明了！而且他們現在有人工智慧助理 Siri 和 Alexa 隨時待命。

想想看，航空公司承諾你，只要你申辦他們的聯名卡，就會給你紅利積分，還跟你說啟用聯名卡後，就可獲得兩張免費的夏威夷來回機票。你聽得都快睡著了，管他說什麼。其他家航空公司的聯名卡有什麼優惠？我能在其他地方找到更划算的方案嗎？改成兩張去紐西蘭的頭等艙機票怎麼樣？每個人都能享有優惠嗎？

北美連鎖百貨公司諾德斯特龍（Nordstrom）提供的顧客服務讓人津津樂道，他們將服務方式寫進書中，而有些商學院會把他們寫的書當作教科書。

諾德斯特龍最有名的顧客服務故事就是：一名男子退還一組四個雪胎並領取退款。但是，諾德斯特龍根本沒有賣雪胎這個產品！這是四十多年前的故事了，至今仍然廣為流傳，經常引人發笑。

諾德斯特龍確實提供很優質的服務，而且他們的高檔商店裡販賣的商品讓人覺得價格合理。消費者選擇在這家百貨公司購物時，就知道自己要為優質服務多花些錢；他們已經把優質服務當作商業交易的一部分，所以在這裡的消費體驗既是一種享受，也是值得期待的事。

在這個每天都有無數品牌廣告爭相吸引大眾注意的世界，很多人都已經對主動上門的優惠無動於衷了。採用這種手法的公司很難突破困境，反而容易捲入數量更多、速度更快、價格更低廉、程度更激烈的軍備競賽。不過，這些商品化的做法，能讓我們發現其他條件不錯的企業。

同時，我們與世界各地數百個人談到讓他們願意支持某個組織、人、產品或服務的原因，我們一再聽到的答案是難忘的體驗過程。這個答案正是大家經常談論的話題、留下來的美好回憶，也是吸引眾人聚在一起的誘因。

有機會看到 L’Espalier 餐廳準備食物的流程，讓我們很樂意成為這家餐廳的粉絲。這段經歷不只是用餐而已（嘗起來確實很美味），我們變成粉絲是因為親自近距離了解餐點製作的過程。

> **圈粉法則**
> 歡迎粉絲走進我們的內心世界，能消除賣家和買家之間的隔閡。

當有人鼓勵我們窺視幕後的情況，甚至讓我們參與幕前的過程時，我們會覺得自己有存在價值。然後，我們就變成忠貞不渝的粉絲了。

創造情感交流的情境

IMPACT是一家協助企業進行數位行銷的組織，做法是擬定行銷策略、架設網站、制定搜尋引擎完善計畫，以及舉辦社群媒體行銷活動。

一直以來，外界認為像IMPACT這樣的公司是專攻品牌推廣與設計的機構。不過，IMPACT創辦人暨執行長鮑伯．盧法洛（Bob Ruffolo）領悟到，如果他希望事業成功，就需要跳脫既定的機構局限。他知道IMPACT需要開始發展粉絲力。

「我們很早就發現許多人需要請教我們改善銷售與行銷的做法，」盧法洛說，「他們想知道怎麼做才有效，還有不該做哪些無效的事。他們渴望了解與客戶合作會遇到的情況，以及需要留意哪些問題。」

於是，盧法洛創建了「IMPACT Live」行銷會議，做為召集大家一起分享成功故事，和討論未來行銷的方式。二〇一八年，IMPACT Live邀請五百名參與者、IMPACT的五十五名員工，以及一些出色的演講人參加第二年行銷會議。多數的參與者都是執行長、企業老闆、公司的行銷部或業務部負責人。

這家公司花了整整一年的時間來規劃IMPACT Live，可說是迄今最重要的一項專案。「就好像IMPACT每年舉辦超級盃一樣，」盧法洛說，「我們的員工都很自豪能和客戶、有趣的發言人和思想領袖共處一室，這些人都在IMPACT的牽引下相遇。」

這場會議也為員工創造難得的領導機會，讓他們跳脫日常工作的職責範圍。每位員工在IMPACT Live都有負責的事務：在活動現場發言、辦理登記手續、在後台工作，或跟贊助商和供應商打交道。

「我們在二〇一七年與在 IMPACT Live 結識的大客戶簽約，」盧法洛說，「她見到了一些適合共事的夥伴。她之前和其他機構合作過，可是相比之下，她對這次見到的團隊印象相當深刻。最後她作出明智的購買決定，因為她體會到我們和一般代理銷售流程的不同。我們面對面交談後，她很樂意和我們簽約。現在差不多已經過一年了，她還是一個和我們合作愉快的客戶。」

IMPACT Live 除了對他們和新客戶簽約有幫助之外，也對他們與現有客戶關係的維繫很重要。事實上，在二〇一七年參加 IMPACT Live 的每位客戶，一年後依然是二〇一八年行銷會議上的客戶。

IMPACT Live 的重要意義不只是盧法洛和團隊對行銷會議的投入，也不只是他們達成與新客戶簽約之類的成果。我們很驚訝他們竟然沒有限制會議出席的對象！

雖然許多 IMPACT Live 的參加者都是 IMPACT 的客戶，但也有很多人不是客戶。任何人都可以參加會議，就連在與他們有競爭關係的行銷機構工作的人，也可以參加。誰會這麼做啊？

也許你曾經參加過像 IMPACT 這種 B2B 公司舉辦的顧客活動，但一般「競爭對手」是沒有出席資格的。禁止在敵對公司上班的人入場是企業界的慣例，不是嗎？只要有競爭者也出現在大型會議的觀眾席，大多數高階主管都會覺得很不自在。畢竟我們在商界都被灌輸了一個觀念：絕不要洩漏機密。

儘管在 IMPACT Live 提出的行銷策略和策略都是機密情報，IMPACT 經營公司方式卻違反常理，以開放和包容的態度，歡迎任何想參加行銷會議的人。IMPACT 為所有來賓保留座位，引導來賓了解幕後情況、經商方式和特色。

到底什麼是機密，什麼不是機密呢？

在一場有五百人參加的私密活動中，機密情報很可能會洩露出去。**隨著知識的轟炸和擴增，再也沒有祕密了，情報很容易被發現或走漏風聲。**

「對客戶來說，在 IMPACT Live 與我們一起面對面交流是件重要的事，」盧法洛說：「這比我們派人搭飛機去拜訪客戶還有效，不只是我們與客戶的關係會變得更好，客戶也變成了我們的粉絲。」

很少有行銷機構會舉辦像 IMPACT Live 這樣的會議活動。我在企業界大概與二十家行銷機構合作過，從沒見過有企業辦過這樣的私密活動。為客戶創造一個與其他客戶、機構員工、甚至敵對機構職員相互交流的環境，這是建立粉絲力的好方法，也是發展業務和留住現有客戶的好方法。

另一個好處是：有些機構的職員參加了 IMPACT Live 後，反而想跳槽到 IMPACT。

「二〇一七年的 IMPACT Live 結束後，有十個出席會議的人決定跳槽到 IMPACT 工作，」盧法洛說，「有些人很快就來報到了，他們對我們公司做的事印象深刻，所以希望能和我們共事。」

有生力軍加入團隊當然是個驚喜，不過 IMPACT Live 最重要的宗旨是：塑造粉絲力。「擁有粉絲對我們的生意太重要了，」盧法洛說，「所以我一直在思考要怎麼讓別人更喜歡我們。我有義務讓我們的社群團結起來，因為別人顯然也指望我們這樣做。

IMPACT Live 是我們在密切互動的環境中靠近粉絲的管道，也能向潛在客戶展現我們在社會上的可信度，因為會議上有這麼多參與者和優秀演講人，一同出席我們舉辦的大型會議活動。」

這種親近粉絲的方式，最終會受到 IMPACT Live 展現出來的弱點影響，即客戶和競爭對手都會知道公司採用的某些重要方法和想法，但 IMPACT 對所有人開放的態度，證實他們對出席者的投資後來能得到好幾倍的回報。

只要組織能營造這種親近感，現有顧客、潛在客戶、競爭者就能從他們的體驗中獲得樂趣。有很多方法可以讓你創造這樣的體驗，然後你就能塑造出專屬粉絲力的關鍵要素了。

歡迎顧客加入「大家庭」，把粉絲當家人

衝浪是一種親近大自然的體育活動，但你必須與大自然互相抗衡。任何人都能跳進海裡追浪。設備很簡單，你只需要衝浪板、在寒冷氣候能使身體保暖的潛水衣。

不過，很多關心自然環境的人認為，一般衝浪板有些顯著的缺點。首先，製造泡沫橡膠原料會產生碳足跡*，大量的泡棉芯材會先運送到製造廠，製成的衝浪板會運送到經銷商和零售店。一旦衝浪板損壞或使用壽命到期，老舊的衝浪板就會變成得在垃圾掩埋場處理掉的龐然大物。

許多衝浪者在二十一世紀中期，開始認真尋找泡沫橡膠的替代品。期間，邁克．拉韋基亞（Mike LaVecchia）創立了木紋衝浪板，這家公司專門運用可長期使用的木材製作衝浪板。一百多年前，夏威夷創造出來的衝浪板就是用木頭製成，但這些衝浪板是用大塊木板製作的，而且重量不輕。為了能裝載得下一個人，衝浪板的成品必須又長又寬，因此在水裡很難操縱。

拉韋基亞開創了用肋材和木板製作中空木製衝浪板的傳統造船技術。木製衝浪板欠缺泡沫橡膠板具有的輕盈特性與轉向功能，而這項創新技術正好能彌補木製衝浪板這項缺失。這種訂製衝浪板的價格落在一千九百美元到兩千五百美元之間，比工廠生產的泡沫橡膠板還貴。

木紋衝浪板公司進一步研究永續技術，重新利用格蘭傑釀酒廠（Glenmorangie Distillery）的剩餘威士忌酒桶，製作出限量版經典格蘭傑衝浪板。公司的工作人員運用二手威士忌酒桶製成的橡木桿創造內部框架，製作出七英尺（約二・一公尺）長的衝浪板模型。這種衝浪板能取代普遍使用的防水膠合板，可說是一種了不起的回收再利用形式。

「我們大概花了一年到一年半的時間製作衝浪板、努力研究製作流程和需要的技術，所以我們嘗試了很多不同的方法，」拉韋基亞說，「我們考慮可行性之後，不久就決定提供其他形式的衝浪板，因為客戶會覺得購買訂製衝浪板很貴。」

起初，拉韋基亞主動提供一套工具，讓客戶可以在家裡自行製作衝浪板。雖然木紋衝浪板公司提供客戶所有需要用到的材料、設計圖和詳細的說明，但實際上是邀請客戶模仿他們的專利衝浪板製作技術。絕大多數公司都急於保護智慧財產權，但拉韋基亞卻認為自己的決策能讓公司的衝浪板打開知名度。

「我們真的很喜歡自己組裝配件，然後再把成品賣出去，」拉韋基亞說，「整體來看，不管我們採用什麼樣的方式製作，木板愈多愈好，因為木材是泡沫橡膠的理想替代品，更何況我們也想宣導客戶使用木材。所以無論是我們動手做，還是客戶自己做衝浪板，我們都要

＊　每個人、每戶家庭或每家公司日常釋放的溫室氣體數量，用來衡量人類活動對生態環境產生的影響。

把木製衝浪板賣出去，證明給大家看這樣做行得通。」

這一點很像L'Espalier餐廳在廚房開放觀賞座位的做法，也很像IMPACT邀請任何人參加行銷會議的做法。木紋衝浪板公司把機密包裝得像一個附有詳細說明的工具箱。不過，還有比邀請客戶動手做衝浪板更重要的事，因為這家公司發現了另一個未開發市場。

拉韋基亞和團隊成員漸漸收到很多人提出的疑問，這些人願意自己做木製衝浪板，但他們手邊沒有合適的工具，或不曾做過木工活。「愈來愈多人害怕在家裡使用木工用具做衝浪板，」拉韋基亞說，「但也有信心十足的人已經跟我們買了用具，並且開始動手做了，只不過有很多人都需要協助。」於是，木紋衝浪板公司開設了為期四天的手作坊！

木製衝浪板的愛好者紛紛來到緬因州約克市的這家商店，只為了跟著店裡的工匠學習製作自己的衝浪板。每個月最多有八名學生可以在工廠上一次課，如果有需要的話，也會另外加入其他課程。

此外，這家公司也在加州和俄勒岡州衝浪地點附近的西海岸開設旅遊課程，並在紐約的阿瑪根塞特（Amagansett）開設人造衛星研討會。

我到緬因州的工廠上過手作衝浪板課程……兩期！我上完第一期課程後感到非常滿意，後來又報名一期課程，做了第二個衝浪板。

我很欣賞他們把衝浪板的製作流程設計得很詳細，包括我可以在完成的兩個衝浪板上面添加個性化的標誌，也就是我腳踝上的紅色星星刺青。當中有很多需要用到刀具和打磨技巧來塑型的部分，才能順利做出成品。我發現自己在動腦製作衝浪板的過程中，變得比平常更加精神奕奕。

我最喜歡的部分是能和木紋衝浪板公司團隊、其他學員互動交流。我們早上見面時，會圍坐在一大張公用的桌子一起吃早餐。我們把交談的重點整理在白板上，就能清楚知道當天要完成哪些事，而且我們都很期待著手繼續做衝浪板。

這家公司的工作人員會在現場視需求幫忙，他們會主動幫你解決需要特別小心處理的部分，譬如讓木板的頂部對齊底部（工作人員稱之為「蓋上棺材」）。在吃午餐和當天課程結束時，我們會一起喝一兩瓶啤酒，一邊聊聊衝浪的冒險故事（或吹牛）。

記得我第一次去上課時，還認識了一對共同製作長板的父女（女兒十二歲），也認識了一位從印度遠道而來製作短板的年輕人。像這樣的「小確幸」都是以人際互動的感染力形式，讓我們這些學員和木紋衝浪板公司的工作人員聯繫在一起。

「製作流程分成很多小步驟，剛開始摸索手邊的工具時，很容易有出錯的情形，」拉韋基亞說，「但你愈接近完成作品的階段，就愈熟悉那些工具的使用方式。這個過程能讓學員收穫良多。我覺得學員都很喜歡跟我們一起製作衝浪板。

在為期四天的課程中，他們就像我們的同事一樣，因為他們也使用我們平常會用到的工具。如果我們在做客製化的衝浪板，學員也可以在一旁觀看我們的製作過程，所以基本上在場的每個人都融入了我們的文化。」

工廠設在緬因州約克市的附加價值包括距離長沙海灘（Long Sands Beach）很近，步行即可到達。所以如果有大浪來，學員和工作人員可以一起去衝浪。雖然那裡有出借專用的衝浪板供學員使用，但這也是為什麼我後來又報名了一期課程，製作第二個衝浪板。我試做了派波（Paipo）* 的模型後非常喜歡它，所以我決定做一個自己專用的成品。

「我常常開玩笑說上課很棒，因為我們每個月就有藉口說要放下手邊的事好好打掃，讓店面看起來像樣一點，」拉韋基亞說，「坦白講，我們真的好喜歡也好期待有人來這裡。他們能讓這家店充滿生氣。每次我們上課見到學員都好興奮。十分鐘之前，我們就接到一個人打電話來，他去年參觀過這家店，本來想安排上課的時間，但他那時候太忙了。

他是消防員，經過了整整一年才挪出空檔來上課。今年四月終於來學習製作衝浪板，剛剛只是打電話來問候一下。我們後來也認識他的女兒，她在波士頓上學，現在要搬回家住了。感覺就像他們是這個大家庭的一員。

每個人來到這裡後，我們的交情就會一直維繫下去。不管他們是特地回來看我們，還是打電話關心我們的近況，或在社群媒體發布自己做的衝浪板照片，我們真的都很重視和喜歡這些偶然認識的人，彷彿我們的大家庭不斷在增加成員。」

另一方面，我也可以確定自己就像這個大家庭的一分子。還記得我在本書開頭提過筆記型電腦上的貼紙嗎？還有我怎麼展現自己熱愛的事物，以及感恩至死搖滾樂團、日本和南塔克特島的貼紙怎麼讓我與布萊恩·哈利根拉近距離嗎？嗯，我最喜歡電腦上的其中一張貼紙，就是從木紋衝浪板公司那裡取得的，可見我是他們的死忠粉絲！

如果木紋衝浪板公司只注重銷售、運送木製衝浪板給客戶和經銷商的交易部分，他們就不可能營造出現在的粉絲力。有很多人都跟我一樣會在社群媒體分享自製衝浪板的愛好，尤其是在 Instagram 發布貼文，因此能引起別人對量身訂做的衝浪板製作體驗產生興趣。「@grainsurfboards」帳號在 Instagram 發布的貼文有關衝浪板、課程和衝浪運動；我在寫這個章節時，他們的帳號已經有五萬多名粉絲追蹤了。

讓客戶有機會體驗看看大多數人不了解的內幕是很不錯的生意。我舉另一個例子來說明好了，《冰上群星》（*Stars on Ice*）節目讓滑冰選手在每場表演結束後，與群眾面對面互動。粉絲只需要多付一百美元，就可以在後台與演出的明星聊天，包括得過世界冠軍的陳巍（Nathan Chen）、奧運獎牌得主邁婭·澀谷（Maia Shibutani）和亞歷克斯·澀谷（Alex Shibutani）、美國冠軍亞當·里彭（Adam Rippon）等。

---

* 五英尺（約一·五公尺）以下的短型木製衝浪板。

許多粉絲都很喜歡蒐集明星的簽名，和攜帶相機找機會拍照。他們會在社群媒體與朋友分享自己的經歷，因此也能帶動其他人這麼做。

我再舉個例子，德國汽車公司奧迪會邀請北美客戶到歐洲參觀工廠、參觀奧迪博物館、與幫他們製造汽車的人員見面，然後在當地直接取車。所以他們在新車被運到家鄉前，有機會在歐洲開新車。

這家公司包辦所有行程細節，包括機場接送服務、第一晚的住宿飯店、相關文件和物流作業，他們在客戶來訪之後，會協助把新車運送到客戶家。

圈粉法則

把粉絲當成家庭成員，能幫助你營造粉絲力。

邀請粉絲參與特別的體驗，就能使組織跳脫單純銷售的框架，創造出終生難忘的體驗。

酷玩樂團：齊聚一堂的粉絲大本營

目前為止，本章已經探討許多實例，像是餐廳的廚房有私廚料理的專用座位、《冰上群星》的知名滑冰選手有見面會的活動、客戶能到奧迪的製車工廠取車，以及為期四天的木製衝浪板手作體驗。這些組織個個創造了粉絲喜愛的東西，藉此與粉絲直接產生情感聯繫，進而營造特有的粉絲力。

可是，需要接觸大批群眾的藝人和公司，不可能用這些方式與粉絲互動，他們該怎麼讓粉絲參與創作過程呢？事實證明，科技可以有效地拉近粉絲與藝人之間的距離。

想想看英國搖滾樂團酷玩樂團（Coldplay）怎麼在演出場合發揮 LED 手環的作用。每位歌迷入場後，都會拿到一個發光手環，內建樂團製作小組能操控的無線電控管系統。歌迷戴著的手環上有多種閃光設計模式的彩色 LED 燈，能營造出一場每位粉絲都參與其中的燈光秀。粉絲都很喜歡發光手環，因為他們能戴著手環和藝人聚在一起，創造出一個五顏六色的閃爍團體。

類似的效果也能應用在智慧型手機，美國電子音樂家丹．迪肯（Dan Deacon）就使用了這種技術，讓歌迷可以在演唱會舉起發光的手機。迪肯採用的智慧型手機技術，比酷玩樂團在每場演出購買上萬個手環還要便宜，但粉絲必須提前下載應用程式，才能享受這種樂趣。

迪肯很適合創造這種互動效果，因為他的現場表演相當知名。幾年前，我和玲子參加芝加哥 Lollapalooza 音樂節時，去看了迪肯的表演，他幾乎帶動所有粉絲在特定的時間朝空中擲空水瓶，讓粉絲變成表演中的要角。

雖然我們在那個週末看了幾十場不同音樂家的演出，但迪肯的表演讓我們印象深刻，因為他讓我們參與製造樂趣的過程。我們很積極地參與表演！

酷玩樂團演奏著名經典歌曲〈黃色〉（*Yellow*）時，每位歌迷的手環都亮了起來。你猜對了，燈光是黃色的！大多數時候，大家的手環都沒有發光，但在演出的黃金時段，例如樂團演奏到〈查理．布朗〉（*Charlie Brown*）的中段時，主唱克里斯．馬汀（Chris Martin）告訴粉絲：「把手舉起來！」然後整個體育場處處都是與馬汀唱的歌曲同步的發光手環。

就像幾個顧客聚在一塊做了四天的木製衝浪板，數萬名酷玩樂團的粉絲也是聚在一塊待上幾個小時，手環讓每個人都成了表演的一部分。當一群人以這些方式參與活動時，彼此的團結力量就足以創造粉絲力了。

Harmony 是一款應用程式，可以開放歌迷投票選出自己想在即將到來的演唱會上聽到哪些歌。「酷玩樂團讓我明白粉絲的感受有多麼重要，也就是粉絲之間的交流方式，」Harmony 的執行長暨共同創辦人奈特．泰珀（Nate Tepper）說，「在七萬名粉絲的茫茫人海中，每個人都在同樣的節奏裡，閃爍著同樣的顏色。

在此之前，我從來沒感受過與七萬人的關係可以如此緊密。粉絲和樂團、音樂融為一體的感受很強烈。我甚至不需要盯著舞台上的樂團，就能感覺到這種氛圍。光看這些燈光就會覺得很酷，因為每一個發光手環都代表著一個活生生的人。」

歌迷決定藝人的表演曲目

泰珀跟我們一樣也很喜歡現場音樂，只不過他把自己的愛好轉變成事業。二〇一五年，泰珀和朋友花了兩個小時抵達舊金山附近的海岸線圓形劇場（Shoreline Amphitheater），參加戴夫·馬修斯樂團（Dave Matthews Band）的演唱會。

那是泰珀該週參加的第三場演唱會，他已經去過特雷弗·霍爾（Trevor Hall）和數烏鴉樂團（Counting Crows）的演唱會，但他對這三場都不滿意。「這三場演唱會的路程都好遠，我抵達現場後滿心期待聽到某些歌，」他說，「可是他們都沒有演唱我想聽的歌，我離開時很失望。讓歌迷在現場聽到喜歡的歌，能讓他們覺得值回票價，這是很簡單的方法。」

於是，泰珀開始想辦法解決歌迷在現場聽不到喜歡的歌曲的問題，他創造了 Harmony。數百位藝人包括泰勒·絲薇芙特（Taylor Swift）、U2 樂團、紅髮艾德（Ed Sheeran）、碧昂絲（Beyoncé）、繆思樂團（Muse）、提姆・麥克羅（Tim McGraw）和火柴盒二十樂團（Matchbox Twenty），都使用 Harmony 直接與歌迷交流。

Harmony 與售票公司 Ticketmaster 有合夥關係，購票的歌迷會收到一封附有連結的電子郵件，他們能透過連結建立歌單，然後樂團會在臉書、Instagram 等社群網路分享連結。歌迷在每場表演前，都可以到特定的 Harmony 網頁，投票決定演唱會要演奏哪些歌曲。

歌迷也能花點錢為自己喜歡的歌曲投贊同票，每個贊同票的錢都會捐給支援無家可歸者、自閉症患者、自殺防治和癌症研究的慈善機構。歌迷的贊同票數愈多，藝人就愈可能演奏他們想聽的歌，而捐贈給社會的錢也會產生愈大的影響力。有些人會投幾十張票，甚至也有人一次投幾百張票。但只有在最終公布獲選的歌曲時，投給這些歌曲的歌迷才需要付費。

點歌的概念拉近了歌迷和藝人之間的距離。讓歌迷有權力決定歌單，其實就是邀請他們參與表演的內容，使他們感受到自己與藝人之間的情感聯繫，而且這種情感很難用其他方式呈現出來。

歌迷在演唱會之前選歌需要花一些時間，所以如果藝人最後真的唱了他們選的那些歌，他們在演唱會當天會很感動。粉絲的心裡會想著：「**這是我選的歌。是我讓這首歌出現在這裡！**」尤其是藝人在舞台上感謝歌迷投票時，真的很容易打動歌迷的心。

「我們在表演結束後調查了歌迷的看法，他們說，聽到藝人唱出他們喜歡的歌時，覺得自己彷彿參與了演出的製作，」泰珀說，「他們覺得很不可思議，感覺就像他們能直接聯繫藝人，似乎他們決定歌單後，藝人就答應了。有些粉絲告訴我們為什麼一首歌對他們來說那麼重要，以及他們最後對整場表演的看法。比如說一對夫妻想聽當初在婚禮上播放的歌曲，那麼他們在演唱會上聽到藝人唱出那首歌時，當下內心一定充滿喜悅，這是一個藝人與粉絲之間產生共鳴的時刻。」

許多藝人也很喜歡 Harmony，因為每當有歌迷使用這個應用程式選歌時，藝人就會把收到的電子郵件地址列入郵寄名單，這樣就能與歌迷建立更密切的互動關係。這一點很重要，因為售票公司並不會把歌迷的聯絡資訊分享給藝人。

我在寫這篇文章時，收到了一封 Ticketmaster 寄來的電子郵件，主旨是「要是傑克・懷特（Jack White）會唱你點的所有歌曲呢？」內容有關我購買傑克・懷特的門票，附上的連結會通往 Harmony 應用程式。

建立你夢想中的歌單

相信你也跟我們一樣很期待傑克・懷特即將舉行的巡迴演唱會！快來為演唱會做好

準備，你可以製作夢想中的傑克．懷特歌單，包括新專輯《寄宿公寓》（*Boarding House Reach*）中的歌曲喔！

你只要先選擇自己喜歡的歌曲，再下載音樂播放列表，並與你的朋友分享，這樣就完成囉！

我選了幾首歌，包括〈檢疫所〉（*Lazaretto*）、〈臨時場地〉（*Temporary Ground*）和〈十六塊鹹餅乾〉（*Sixteen Saltines*）。大約一週後，我去現場看傑克．懷特的演唱會。結果懷特和樂團演奏的第二首歌是〈檢疫所〉，接下來輪到〈十六塊鹹餅乾〉，我當下整個人欣喜若狂。

我只是在Harmony應用程式上選歌，就能感覺到自己與懷特的距離變得更近了。就算事實是有數千人選的歌都跟我一樣，選歌還是讓我覺得自己有點像圈內人，哈哈！感性總能戰勝理性嘛！

現在的藝人多半都沒有自己專屬的社群媒體，只有少數例外。一般社群媒體由數位行銷人員在幕後操作，缺乏真實感，也令人感到疏遠，通常只發布巡迴演唱會的日期、門票促銷和商品優惠。有些比較有個性的藝人只有少數粉絲，他們喜歡掌控自己的社群媒體，但他們發布的貼文反而吸引更多人按讚和關注；這些藝人的事業發展得不錯，因為他們的鐵粉都會參加他們舉辦的表演。

「真實性很重要，」泰珀說，「這真的是你的歌聲嗎？你準備要和歌迷建立良好的關係嗎？還是，你只是想請他們一次又一次地買票？Harmony 的好處就是能展現真實的人際關係，像我這樣的鐵粉在點歌時，能感受到自己的心聲終究會被藝人聽見。」

消除音樂與科技之間的隔閡

有時候，建立粉絲力的關鍵是創造一個全新的事業，也就是有目標地使用新方法聚集眾人。這正是克里斯．霍華德（Chris Howard）創辦 The Rattle 時所做的事：The Rattle 是供應設備的國際社群，服務項目包括攝影棚、工作空間和導師計畫，成立宗旨是協助藝術、科技和文化領域的創造者生意興隆。霍華德既是音樂製作人也是科技公司的創辦人，不拘一格的職業生涯，使他產生聚集不同社群佼佼者的想法。

The Rattle 把「專業音樂家」和「科技創業家」兩群完全不同領域的人聚在一起，好讓兩方都能互相了解不同的內部運作方式。跨領域的交流方法能激發出合作火花，而且這種合作模式不太可能出現在音樂家的傳統工作環境，例如許多音樂家待在同一間工作室。

典型的早期科技公司一開始是在租金低廉的研究基地或共用工作空間起步。The Rattle 兼容並蓄，為音樂家和科技創業家提供共事的工作環境。出人意料的是他們能夠並肩工作、互相支援。霍華德沒有像木紋衝浪板公司、奧迪和 L'Espalier 餐廳那樣分享公司設計產品的方法，反而把顧客介紹給其他圈子的創意人才。這樣的組合真叫人興奮啊！

The Rattle 的會員每個月都能在各個國際據點，免費利用先進的音樂錄音室、工程師、製作人、自造者*空間、共用工作空間、導師制方案、研討會、大型活動、一對一輔導等資源。

The Rattle 發展的粉絲力由擁有不同背景、不同目標的人組成，他們卻能合作無間。「科技創業家對藝人傳達一個概念：歌曲不是他們唯一的賺錢管道，」霍華德說，「科技業的新創公司有許多賺錢的方法。這些公司為了蓬勃發展，會需要利用多種資源。他們會教藝人怎麼從事副業，比如到別人家裡表演，這個主意超酷。每天都可以看到兩邊人馬激盪出合作的火花。」

圈粉法則

粉絲力吸引志趣相投的人聚在一起，共同讚揚他們熱愛的事物。

The Rattle 音樂產業的成員包括：需要記錄時間、導師制方案和業務發展方面支援的獨立藝人，以及只有少數藝人組成的小型唱片公司和音樂管理團隊。許多唱片公司選擇使用 The Rattle 的資源，因為他們還沒有準備好租用工作空間。

至於科技公司，成員包括：在尋找立足之地、頂級導師制方案和企業家人脈的新創公司的創辦人。還有一些在發展中的公司，需要招攬頂尖的藝人來發想創新的點子。

「製作人之間通常都會互相尊重，我們決定網羅音樂藝術家和科技創業家加入這個大家庭，」霍華德說，「創造技術並關注技術是否成功的人，往往有既定的思維模式。我們稱之為新創文化。在創造技術的圈子裡，這些人才已經很習慣新創文化了，但假如你是藝術家，你會很難完全融入這個文化。」

* 一群酷愛科技、熱中實踐的人以分享技術、交流思想為樂。

他又說：「所以我們把這兩個不同領域的人才聚在一起，目的就是希望新創文化的思想能讓音樂藝術家耳濡目染，畢竟這個文化中的某些創業策略，確實可以協助藝人飛黃騰達。同時，創業精神在創意領域發揮效用的準則方面，我們顯然有領先優勢，可說是左右逢源。」

每當有藝人、樂團或獨立唱片公司加入 The Rattle，霍華德就會立即安排他們與進駐的企業家坐在一起。藝人通常只考慮到「與大型唱片公司簽約」的傳統音樂製作途徑，但其實在音樂產業中，還有很多其他謀生的方式，導師制方案能幫助他們思考各種不同的選擇。一般藝人待在傳統的音樂工作室，沒遇過這種跨領域的交流方式，因此 The Rattle 要訓練他們養成創辦人具備的素質。

「剛開始，藝人每週來這裡排練或錄音大概十個小時，」霍華德說，「不久之後，他們很認同授權和創業精神的概念，而且愈來愈常來這裡。他們很喜歡和科技創業家坐在一起討論和請教商業知識。他們會拉近彼此的互動距離，因此建立了良好的關係。這個現象真的很有趣，在不知不覺間，他們每天都來報到，還說感覺是來度假的。他們告訴我們，如果就這樣終止會員資格然後離開的話，他們會很難過。目前只有兩個人離開這個團體。在人與人之間成功搭建意想不到的關係是多麼驚人，兩邊的人都覺得另一方有值得學習的地方，實在太酷了！」

我以前在幾家科技新創公司上班過，也曾經在十多家科技公司擔任顧問，我親眼看到用刻板做法創業會面臨到的危機。The Rattle 的藝人會員有能力為作品增添創意，而這一點是技術研究基地辦不到的事。真希望我也能在這樣的環境工作。嗯，好險我沒有去，要不然我可能會賴著不走，然後我就不會寫這本書了！

「你要成為有創造力的企業家，就需要做點很了不起的事，否則你沒辦法加速公司的發展，」霍華德說，「有些科技創業家會來詢問他們做的事有什麼獨到之處，然後再回頭努力讓自己的事業脫穎而出。他們和藝人處在一起之後，就能跳脫傳統辦公空間的作業模式，開始用不一樣的方法做測試、疊代*、旋轉和設計。即使他們的事業愈做愈大，他們依然與我們保持聯繫。」

霍華德和合作夥伴一有機會就待在 The Rattle 的各個據點。霍華德特地安排星期二、星期三和星期日一整天待在倫敦的據點，那裡很靠近他的家，他在這些時間可以和會員見面。

會員之間的感情證明了的粉絲力發揮效用，尤其是不同領域的人才之間，會產生意想不到的吸引力。舉個例子來說，龐克搖滾樂團的音樂家和一群創業家共同開發智慧型手機應用程式時，他們互相產生的同理心很驚人。類似的合作模式每天都出現在 The Rattle。

---

* 疊代這個動作是指：反覆求取函數值，並將每次疊代出的函數值視為新的輸入值，再輸入函數中。。

「我們最近在倫敦舉辦開放參觀 The Rattle 的活動，會員可以帶朋友或同事一起參加，」霍華德說，「會員們都很自豪地到處介紹**他們待的空間**，因而吸引了不少新會員加入我們。他們打從內心感到自己是這個社群的資深會員，而且在這裡的經歷，是他們以後可以和別人分享的話題。逐漸培養會員對我們的認同感，是我們在建立社群的過程中相當重要的部分。」

我帶著自己的手工衝浪板到海灘或在等浪區排隊時，其他衝浪者很快就注意到我的木製衝浪板跟一般衝浪板很不一樣。「哇！」他們對我說，「好酷的木板喔！」

每次我說這是我自己做的衝浪板，別人都會很好奇地問我一些問題。他們會很驚訝地說：「這真的是你做的嗎？」然後我就會開始分享我到木紋衝浪板公司上課的故事，一邊指著烙印在木板上的公司名稱。

他們都很喜歡聽我講學習製作衝浪板的課程細節，包括我怎麼挑選板子類型、挑選木材、怎麼學會使用工具，以及我自己動手製作的過程。

雖然我的衝浪板很吸睛，其實我對整個製作過程展現出來的熱情，才是真正引起別人感興趣的主因。我的滿腔熱忱常常會讓別人想了解更多資訊，他們會問我：「上課地點在哪裡？」「有多少人跟你一起上課？」「這個課程要上多久？」「會不會很難？」「很貴嗎？」多麼有趣啊！

在我經常去的南塔克特島衝浪地點，別人認出我的衝浪板次數，比認出我本人的次數還多！他們會說：「木板衝浪客來了！」

木紋衝浪板公司引導粉絲到手作坊是成功之舉。該公司發現邀請客戶動手做衝浪板，能促進客戶和工匠之間的感情，也發現讓粉絲參與公司的文化對生意大有助益。他們建立了熱情的跨國粉絲力，粉絲都很積極參與公司的業務。這些粉絲也都跟我一樣會在社群媒體、在海灘上分享自己上課的經驗。

如果你希望別人愛上你所做的事，就要想辦法讓別人走進你的世界。你可以讓別人創造屬於他們自己的經驗，或讓他們變成執行業務的重要成員。當別人都還在執著出售產品和服務的交易層面時，你已經知道要怎麼組成粉絲圈了！

第10章

消除疏離感，把人情味找回來

——玲子

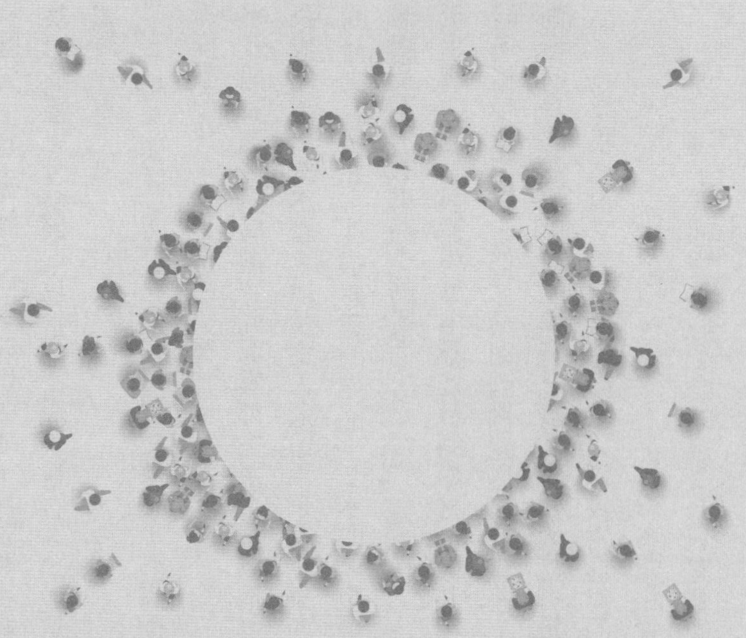

我在大學和導師阿斯拉．拉扎腫瘤科醫生一起工作時，一名病患改變了我對醫生職責的看法。暫且稱這名病患為亨利好了，他被診斷罹患骨髓增生異常綜合症（ＭＤＳ），這是一種會耗盡精力的血液疾病，所以他總是顯得疲憊不堪。

在他看診之前，我和他在診間會面，一起等候腫瘤科醫生。他滑動 iPad 上的頁面，給我看一張又一張用有機物創造的色彩曲折堆疊照片。這是他的美術作品。

亨利只要一談到他的美術作品，似乎就把衰竭性疾病拋到九霄雲外去了。我問他怎麼創作這些作品。他馬上興致勃勃地說：「我找到了一些木屑，以及別人遺留下來的小東西，然後在畫室裡把這些材料組合起來。」我的目光停留在一件很有趣的作品——木頭、金屬和動物骨頭自然構成了「一個人試著要抓取他觸及不了的東西」的畫面。

亨利解釋每種材料的來源後，便表示生病之後就很難再外出尋找新的素材，切割和固定材料也變成很費力的事。直到他在這家診所接受治療後，他才又回到擱置已久的畫室。「我終於重生了。」亨利邊說邊笑，他挺著削瘦的身軀發出洪亮的嗓音，著實讓我大吃一驚。

我們把話題轉回剛剛那件有趣的作品，我說我也很喜歡創作藝術，只是我對寫作的喜愛程度高於雕塑，而且我所謂的雕塑也只是在電腦上用像素創造影像，不是用木頭和骨頭創作。他會心一笑，然後說：「哦，太好了，你一定了解那種心心念念的感受。只有藝術家才知道渴望創作藝術是什麼樣的滋味。」

緩解貧血症狀的藥物讓他能繼續在畫室創作了，但他不願意進一步接受更艱苦的化療。即使他的身子會變得虛弱到無法再創作藝術，他也不肯做化療。他作出這個醫療決策的原則是：「我做了這個療程後，還能繼續發揮創意嗎？」

他表示重拾信心的原因是與腫瘤科醫生暢談自己的目標和恐懼，這麼做讓他感到快活。雖然我是站在醫生的角度思考，不過我能理解身為藝術家的意義，也能理解亨利需要回到畫室的意義。

當亨利面臨ＭＤＳ轉變成急性骨髓性白血病的風險時，他明確地告訴我：「我不怕死。我寧願過著舒適、充實的生活，也不要過著有病痛的生活。只要我一息尚存，就不應該過著生不如死的日子。」

在此之前，我跟許多研讀臨床醫療相關科學的學生一樣，都認為人類的生命是按照心跳計數的，而醫生關心的層面純粹是生命的過程。現代有關死亡和疾病的用語，經常迫使我們相信要極力拯救的是病人的性命，他們的幸福、愛、創造力或獨立自主的能力，全都排在性命之後。

身體的生物機能和「還活著」的事實顯得比其他因素更重要，因為以科學的角度來看，從業人員的普遍認知都是「我們可以解決這個問題」。只要我們預測身體還可以繼續「活著」，我們的目標似乎就是恢復健康的細胞、血液和呼吸。

而亨利讓我了解到，我之前秉持的這些觀念，不足以使我成為夢想中的那種醫生。亨利作的決定很有分量，因為這是攸關生或死、寬慰或痛苦的選擇。亨利讓我領悟到醫生的責任包含「細心觀察每位病人的需求」，因為醫生的目標和病人的目標不見得一樣。我離開診間之前，亨利攔住我說：「醫生是人，不應該當機器人。等妳有一天當上醫生時，一定要記住這一點。」

充滿疏離感的醫病關係

亨利以病人的身分向腫瘤科醫生求解，過程中全然信任醫生能幫助他作決定，而這個決定會影響到他的下半生。他和醫生之間的互動，或他和我這名學生之間的互動，都已經產生了情感上的意義，畢竟我們在病房裡聊過他的未來。我們可以憑著好奇心傾聽亨利訴說他在醫療保健制度之外的生活細節，了解是什麼疾病以外的事物帶給了他希望。

我們和亨利的談話方式偏向陳述事件，也就是說我們比較像是在一起交談，而不是互相交談，這是很有效的對話技巧。假如換成別的醫生，他們可能會執意要亨利接受艱苦的化療。「難道你不想活久一點嗎？」這些醫生可能會這樣問，而且不會仔細傾聽亨利的回答。

他們手邊的研究數據不一定能切合亨利的心意。如果有人跟他說：「你還有三〇%的機會多活兩年。」他可能會覺得沒有人理解他的心聲。

身為醫科學生，我看過好多次這種形成鮮明對比的現象：我和亨利之間的平靜對話，以及許多醫學專業人士急著治癒病人的嚴酷現實面。我們等著電腦分析出測試結果，也使用手機的應用程式計算風險和成效。

我曾經在某些場面幻想自己生活在科幻小說描述的那種未來世界，例如當我看到外科手術機器人的手臂伸進病人的腹部，或看到電腦刀（CyberKnife）直接把聚焦的輻射線投射在病人的大腦。人們很容易忘記手術檯上的無意識軀體附帶著個性、好惡、夢想、興趣、家庭、摯愛，或家裡有嗷嗷待哺的新生兒及工作，他們在手術室外有著豐富的生活。

米歇爾．傅柯（Michel Foucault）是法國哲學家和社會理論家，他在一九六三年出版《臨床醫學的誕生》（*The Birth of the Clinic*），書中提到「醫學凝視」：醫生要分別考慮病人的精神與身體。隨著技術愈來愈強調準確性，傅柯表示醫生更重視實驗室裡的數值、生物跡象和症狀，而不是飽受病痛折磨的個人，使得病患從一個具有複雜社會背景的人，簡化成單一診斷案件。

我們都有過類似這樣的經驗：對第一次共事或初次見面的人進行剖析、判斷和歸類。我們先把人細分，再試著拼湊出整體的答案。

「疾病劇本」（illness script）是常見的診斷表現形式，能讓醫生快速了解和治療症狀。這是一種很有效、日常護理必備的治病方法，不過醫生應該要了解：這個方法並不能代表每位病患的個體經驗。

我們經常使用簡潔的用語把病人歸類成「糖尿病患者」或「心理創傷病例」，這麼做並不是因為我們不在乎細節，通常只是因為我們很忙碌。我們有太多事要做了，只好依賴一些能節省時間的辦事技巧。

當診斷結果代表病人的整體狀況時，病人幾乎沒有發言權。即使在沒有技術幫助的情況下，我們還是會對任何遇到的矛盾問題進行制式化的分類、判斷、假設，並試圖掩蓋矛盾，懶得去把每位病人的經歷和信念當作整體的獨立事件來看待。

問題在於一旦出現這種「邏輯框架」，幾乎沒有人會去消除它。當我們剝奪了病人的個性，只把他們當作需要處理的任務或對象時，就會錯過重要的資訊。我們會誤診，也會讓病人覺得受到冷落。一旦我們糟蹋了病人對我們的信任，我們和病人的合作關係也會受到影響。我們以為自己更了解他們，對他們的反對或意見聽而不聞。

我在就讀醫學院的過程中，已經習慣回答多重選擇題，但每一題都只有一個正確答案。化療看似是最理想的辦法，但亨利拒絕了這個「正確」的答案，因為這個答案不符合他理想中的人生故事。

亨利的決定當然是最適合他個人。他對我說的話讓我學會更仔細觀察周遭的人事物。我們還需要在哪些方面提醒自己不要當機器人呢？還有在哪些情況下，我們應該要像亨利一樣清楚地了解自己，然後作出也許只有自己才能理解的大膽決定呢？

自動化與數位化時代，顧客反而更需要你

除了醫療保健邁向自動化，大多數的行業也都逐步數位化了。企業界的高階主管已經發現自動化技術能為企業帶來巨大的商機，他們經常把這個趨勢當作唯一的選擇。銀行、運動品牌、航空公司等數不清的機構都在蒐集我們的資料。

每當我們在網路上搜尋某項資訊時，我們就累積了搜尋的歷史記錄，出現在我們眼前的廣告，都是根據演算法對我們過去的行為計算而來的。

臉書和其他社群網路也是根據我們最近點擊的內容來提供相關內容。我們在網飛（Netflix）習慣觀看的影片類型，也會影響我們之後在尋找其他電影和電視劇時，出現的推薦片單。

圈粉法則

顧客的生活不止局限在他們的數位足跡，只要你能多了解他們，就能引導他們支持你的品牌。

所有消費者都會經常面臨以下決定：使用哪一項產品？購買哪一種服務？體驗什麼樣的創意內容？無論是你要買的服裝類型或汽車、你選定的醫療保險、人壽保險或抵押貸款、你在當地雜貨店選購的食物、你雇用的員工、你願意關注的藝術、電影、戲劇或書籍，一整天下來，總有一大堆事等著你作決定，這些事對你和你身邊的人來說，也許是芝麻小事，但也有可能是很要緊的事。

有時候，你會為了滿足短暫的即時需求，或順應數據的預測結果，而冒然作出決定。另外，你也需要從眾多品牌當中，挑選出富有意義、有分量的品牌。

我們已經討論過數位化世界愈來愈混亂的局面，也因為如此，我們觀察到許多消費者漸漸疏遠那些完全依賴自動化流程的品牌。

不只是像亨利這樣的人，還有像你、像我這樣的人，在作決定時會受到情感影響，我們作決定是基於純數據以外的因素。只要你能引導消費者作出有意義的決定，他們就會很樂意終生支持你的品牌。

那麼，你要怎麼做才能在現今世界實現這個理想呢？

缺乏人性：數據也有出錯的時候

我們迎接的未來是運用機器人和數位化的方式解決問題，卻往往選擇犧牲自己和顧客的個體特性。一旦數據出錯，這種犧牲就顯得太超過了。例子包括：

藥物：從印度移民來的婦女罹患慢性咳嗽，她的結核抗體檢測呈陽性，這在疾病盛行的國家很常見。臨床醫生使用強效抗生素幫她治療，卻沒發現她的胸腔出現肺癌。之後該怎麼辦呢？

顧客服務：新澤西州的男子想為喜愛的戶外專用烤架更換配件，卻花了很多時間應付自動調查需求與服務的聊天機器人，現場沒有真人客服。

他的家人下週要來參加他最愛舉辦的盛大美國獨立日派對，最後他決定放棄更換配件，改買另一個牌子的烤架。他對著老婆大叫：「生命太短暫了，不要浪費時間！」

銷售：一名商務旅客需要變更手機資費方案，以便她在另一個國度工作能享有划算的月費。但不管她怎麼操作手機頁面，電信公司的網站一直把她帶到升級年度方案，或升級智慧型手機的頁面。萬般無奈之下，她只好放棄變更資費方案。幾個月後，她收到涵蓋國際漫遊費的幾百美元帳單，讓她震驚不已。

身為消費者，你是不是有時候覺得溝通方式自動化反而讓生活更不便？或是你不明就裡地被加到有無數人的名單上，你覺得自己只不過是另一個電子郵件地址？你可以在滿意度調查問卷上盡情抱怨，但你認為會有人聽見你的心聲嗎？你到底該怎麼做才好？

你可能會像那位來自新澤西州的燒烤聚會愛好者一樣，放棄自己原本喜歡的烤架，決定改買別的品牌。

這些數字、名單和資料對你有什麼意義？你會不會覺得很多企業都把你、你的家人當成抽象的數據了？他們刻意將你的故事背景置若罔聞嗎？這個缺乏人性的過程會阻礙你獨立思考和感受的能力。

簡而言之，每個人在一生當中都會逐步形成專屬個人的故事背景，科技無法重新創造不同人作決定時所依據的情感分量。

讓數位化模式主導人的體驗後，重要的情感分量就會消失不見。要扭轉這個趨勢的不二法門就是：藉由了解顧客的故事背景，來觀察他們作決定背後的情感意義。

這正是引導顧客陳述事件的用武之地。

敘事醫學，讓治療效果變好了

亨利遇到的腫瘤科醫生拉扎允許他自行作出醫療決定，而不是只參照疾病的生化資料。我在本書的開頭提過她是一位喜歡欣賞詩的醫生，她讓我領悟到我可以身兼科學家和藝術家。在我和她共事的期間，我觀察到她很努力要了解每個病人的差異，不只提供他們最新的臨床試驗，還樂意聽他們傾訴內心的恐懼感，帶給他們希望。

另外，她把現代醫學發展出的驚人新方法傳授給我們這些醫科學生，這套方法能用來抵制對科技日益依賴的趨勢。

二十一世紀初，一群在哥倫比亞大學任教的臨床醫生和學者，專業背景包括文學、醫學、倫理學等，展開了一項計畫來反駁「徵兆和症狀本身能決定醫生與病人交流的方式」這個觀點。

這項計畫的宗旨是把每個病人當作獨立的個體來看待，並且運用文獻和口語的研究資料來傳授一些技能，讓醫護人員能理解病人在對話時產生的移情作用。他們實施這項計畫的初衷是相信：只要訓練醫生有技巧地理解病患的人生故事，就能發揮更好的治療效果。

他們把這種做法稱為「敘事醫學」。

二〇〇九年，哥倫比亞大學迎接第一批攻讀新碩士課程的學生，這門課程的目標是幫助開業醫生學習並把敘事醫學的概念融入工作。

舉例來說，病人找家庭醫生做例行體檢，想透過一般醫療諮詢檢查有沒有出現甲狀腺結節，他們的外科腫瘤醫師透過超聲波和活體組織切片得知檢驗結果後，可能會建議他們接受後續的療程。在這種情況下，他們的對話方式死氣沉沉，醫生告訴病人需要實施某項療程，而病人好像只有接受的分。

相較之下，精通敘事醫學原理的醫生，會從病人談論自己的內容，辨別出弦外之音和表達方式有沒有任何細微的差別。接受過敘事醫學培訓的外科腫瘤醫師，能提出一些具體的問題，誘導病人透露難以啟齒的擔憂或期望。這些問題能讓病人分享一些他們很重視的事。

如果病人是一名歌手，她害怕做了手術之後會失去嗓音，或一名年輕男子的父親以前因癌症病逝，他擔心醫生會有誤診疏失，該怎麼辦呢？他們需要知道自己可以信任眼前的醫生，也需要相信醫生提出的方案能切合他們的需求。

如果病人變得很安靜，而且看起來很不安，這些訓練有素的醫生就會停頓一下，然後詢問病人：要不要和可以信任的朋友或家人一起討論醫療決定。如此一來，開業醫生不但對病人的徵兆和症狀瞭如指掌，也能深入了解病人的過去經歷。

敘事醫學不單單運用聆聽的技巧，畢竟不是所有人隨時都有空檔聽別人說話，主要的技巧是從病人口中套出實情，並且仔細觀察冰山一角以外的層面。醫生必須深入了解病人感到解脫時的語氣、弦外之音和言論，才能提出最適合他們的護理方法。

聆聽青少年的心聲，提供一個舞台

臨床醫生發現溝通不良導致醫療保健品質欠佳的例子，經常出現在成年人和青少年之間的交流狀況。有關青少年身體方面的事，多半還是需要得到父母的同意，但他們對自己想要或不想要的事，已經有自己的看法了。只可惜出於好意的父母、祖父母或照顧者經常不認同他們的願望。很多時候，他們的故事「沒沒無聞」或不被當一回事。

希拉．卡恩–利普曼（Shira Cahn-Lipman）是麻薩諸塞州計畫生育聯盟的青年暨職業教育經理，並且致力於以病人為本的醫療方案。青少年委員會（Get Real Teen Council,

GRTC）是一個為波士頓和麻薩諸塞州國高中生設立的同儕教育組織，旨在培養青少年傳播正確、客觀和實用的性教育知識。

該組織訓練學生舉辦有關如何為同儕和社區提供醫療保健服務的研討會，藉此推動與青少年身體相關的重要議題。他們甚至與醫療專業人士合作，比如開業醫生、護士以及像我這樣的醫科學生，一同研究蒐集資訊的最佳方式，並提供建議給那些不願聽信成年人意見的年輕病患。

「我們在這項方案貫徹始終的重點是：我們尊重年輕人對私生活作出明智決定的權利和能力，尤其是他們自己的性健康*，」GRTC提供青少年站出來發聲的資源和管道，讓他們自己決定傳播訊息的方式。卡恩－利普曼告訴我們：「沒有人能改變事實，本來就應該用淺顯易懂、有意義的方式對他們傳達資訊。」

簡單來說，這些青少年希望別人能看見他們各方面的自我特性。GRTC認為這些特性涉及包容性語言**，畢竟參與這項方案的青少年來自各種不同的背景，例如他們的性別認同、性取向、社會經濟地位、種族和民族特色。

「讓消費者從產品看到他們自己的身影，以及在這個世界的定位，是很重要的事，」卡恩－利普曼說：「當一個人從其他事物聯想到自己，就能感受到自我的存在價值。」例如，賣座鉅片中的主要角色由非裔美國人或亞洲青少年飾演、大學招生廣告凸顯女性科學家的特色等等。

同理，我們和青少年談論性行為時，不妨模仿醫生的口吻問他們：「對你比較有性吸引力的對象是男性、女性還是男女皆可？」提問時不要加入自己的看法，才能引導他們敞開心扉，這種套話的方式能給他們表達自我的空間。

在我就讀醫學院的第二年，很幸運見到GRTC來校園培訓醫學專業人員。他們舉辦的研討會能讓我們更了解年輕一輩的想法。他們害怕問小兒科醫生哪些問題呢？什麼樣的話題會讓他們覺得不自在，所以他們不願意向父母或朋友透露？

我了解到，給他們一堆資源後，再叫他們學著自力更生是行不通的做法。其實這些青少年很希望我們多了解他們，也希望我們知道怎麼與他們合作。

在研討會期間，我從一些青少年分享的故事中了解到很多事。

有位少女告訴我們她的朋友發現自己懷孕的經過。「我的朋友不知道該怎麼辦，也不想告訴任何人，」她說，「但後來她想到我是GRTC的成員，她相信我一定知道怎麼幫助她。」於是，這位少女能以知己的角度告訴朋友重要的聯繫資訊、可供選擇的網路資源以及

* 人生各階段的生殖過程、生殖機能與生殖系統的健康，包括實施健康教育計畫、人們能自由決定要不要生育、男性和女性需要有節育相關知識等。

** 避免使用排斥特定群體的詞語。

後續步驟。

當她描述自己建議和幫助朋友的感受時，她看起來泰然自若，展現出她從GRTC獲得知識的力量。然後，她咧嘴一笑露出了牙套，我這才想起她只有十六歲。

一名男孩面帶燦爛的笑容站在教室前面，從容地回答我們提出的問題。他的身材很瘦長，以他的年紀來看算是四肢發達的高個子，而且他表現得像個專業人士。「我先聲明一下，我超級害怕演講，」他坦承道，「不過我已經待在這個小組三年了，學到了很多東西。」

他告訴我們，他加入GRTC之後，變得有信心帶領大家討論議題、在學校成立新的俱樂部，以及在當地社區擔任領導者的角色。現在連學校裡的孩童都很崇拜他。他說：「我從來都沒有想過自己辦得到這些事。」

我一遍又一遍地聽到這些**青少年想傳達的重點是：希望有人傾聽、相信、認真看待他們；如果他們有安全感，他們就會很願意向成年人尋求建議和幫助**。

這些青少年讓我充分了解到，這個群體的心聲經常「沒沒無聞」的原因是很多人都告訴他們：年紀還小，就不能到醫生的辦公室簽署醫療文件；年紀不夠大，就不應該發表自己的觀點；還沒有達到投票年齡，就沒有資格參與社區組織的活動。要不是這些青少年的自白，大概沒有任何成年人能讓我了解這些事吧。

「『授權』這個詞有時讓我很困惑，因為它的意思是我們賦予他們權力，問題是他們明明就該擁有這些權力，」卡恩－利普曼說，「他們有發言權，也有很多話想說，所以我們能做的就是給他們一個舞台。」

在任何行業中，講故事並不是稀奇的交流方式，因此把敘事方法應用到商業的概念，可以擴展到各種行業。**只要我們保持敘事的專業精神，就能時時記得用人性化的方式與客戶溝通，因為我們已經明白每個人都經歷過許多故事，而非純粹只是一串數字。**

只要我們細心周到、恭謹謙和，就能在許多不同職業之間創造開放和可信度高的對話、互相學習更準確的知識，以及贏得彼此的尊重。

從顧客的觀點出發，用人性化的角度發聲

我們經常在公司網站或廣告上看到沒有人情味的描述，譬如「X公司是專門改善業務流程的頂尖技術供應商，專為下一代、具成本效益、一流、高性能、能增值的產品提供一套創新的解決方案」，這堆字句很難讓人理解他們想傳達的重點是什麼。這種用企業行話寫成的官樣文章令人費解，看到這類電子郵件、公司廣告冊子或企業部落格的人，多半都會直接略過，或置之不理。

為什麼？因為這段話聽起來像是機器人寫出來的，缺乏個人觀點。

想想看汽車使用手冊和一本詩集之間的區別。前者以「公司」而非個人的角度來編寫，內容了無新意，不過這本手冊的用途是提供明確的指示，就這麼簡單。詩則是獨特的內容，你可以從讀詩者的嗓音聽見特有的抑揚頓挫。詩能讓我們體會到情感，這是汽車使用手冊缺乏的特點。

流行用語、廢話和模稜兩可的話，都是毫無生氣的另類表達方式。濫用行話只會讓人摸不著頭緒，但這些措辭卻比比皆是：官方表單、公司網站、行銷資料等。多數人使用這類的表達方式是為了讓人留下客觀的印象，但它們就像操作說明書，而非創作，往往與顧客想看的內容正好相反。

問題在於，我們不再認為企業的用語是由人類表達，而是由機器輸出文字。這使得作者和公司都少了人情味，與我們的需求背道而馳。我們不信任冷淡的陳述方式，因為我們已經厭倦了應付自動化服務和冷冰冰的產品。

圈粉法則

身為消費者，你是不是有時候覺得自己只是一串數字？

從「尖端、頂級、極其重要」這些措辭可以看出：企業並沒有好好去了解服務的對象。他們不了解買家、買家面臨的問題，也不清楚自己的產品能怎麼解決買家遇到的問題。他們大概也不了解自己吧。

並不是只有你的客戶才有故事背景，你自己也有一些獨特的故事可以說，客戶很想認識你這個人。他們不需要詩歌作品，但他們需要聽聽你的說法，也就是富有人情味的聲音。他們想知道你的動機是什麼，更想知道你和他們之間有什麼共同點。

擺脫數據的羈絆，才能超越自己

「熱情最重要，」世界冠軍運動員西里・琳德利（Siri Lindley）描述自己怎麼訓練鐵人三項運動員取勝：「你若想達成一個需要自律甚嚴的大目標，最好要有重要的理由能說明你有多重視這個目標。當你快要放棄時，你需要喚起內心深處的熱情，才能繼續前進。」

她表示奪下冠軍的動力並不是緊迫的時間壓力，也不是在比賽結束時奪得閃亮的獎牌願景，而是運動員有發自內心的渴望，驅使他們達成比目標更遠大的壯舉。

琳德利分享了她退休後當教練的經過：「我迫不及待要告訴大家體驗旅程意義的重要性，因為我知道這個概念能改善別人的生活，就像我的生活產生轉變一樣，」她說，「我知道這個概念能點燃他們內心的火花，讓他們開始相信自己。」

二〇〇〇至二〇〇二年期間，她對鐵人運動的滿腔熱情驅使她在國際鐵人三項聯盟（International Triathlon Union, ITU）舉辦的十三場世界盃賽獨占鰲頭。

她從世界第一的位置隱退之後，開始把自己學習到的奪冠心法傳授給別人。她鼓勵他們把眼光放遠，不要只專注在智慧型手錶上的數字，而是要了解自己的人格，並覺察自己真正的價值。她說：「我領悟到這段旅程伴隨著禮物後，我想做的事就是分享我學到的東西，並且把我得到的禮物送給別人。」

二〇〇三年開始，琳德利在科羅拉多州的波德市擔任教練，她訓練的運動員拿過九次世界冠軍和多枚奧運獎牌，其中一位優秀的運動員是伊芳・凡・弗萊肯（Yvonne van Vlerken）。伊芳來找琳德利時，已經在角逐世界之巔，然而她遇到的關卡是：已經失去了對鐵人運動的熱忱。

她每天起床後，不再對挑戰任務和看比賽感到興奮了。她自己也不知道是怎麼回事。她拜琳德利為師時，琳德利跟她說：「不要再帶那些配件了，我會教妳怎麼把熱愛鐵人運動的興奮感找回來。」

琳德利不像一般教練那樣執著於數據、分析結果和數字，她教導運動員要探索自己的內心。凡．弗萊肯在數字中迷失了自己，一看到功率計和心率監測器就灰心喪氣，不斷讓自己的運動表現受制於數據。「我很討厭這種做法，運動員鍛鍊身體和參加比賽時，都應該要真心喜歡做這些事、展現熱情並勇往直前。」琳德利說道。

琳德利輔導凡．弗萊肯重拾她對鐵人運動的熱情後，再教她怎麼為競賽做準備，終於幫助她找到了當初比賽時的興奮感。自此之後，她把練習鐵人運動的時數控制在九小時以內，比其他運動員更頻繁地做練習，最後她成了世界上保持傑出成績最久的鐵人三項運動員。她擺脫了數字的羈絆，每一天都在努力超越自己，因此找回了內心的喜悅。

另一個例子是米琳達．卡弗拉（Mirinda Carfrae），她拿過四次世界冠軍：有三次是鐵人三項賽，另一次是鐵人七〇．三*。卡弗拉在練習或參加比賽時，自行車上的功率計會測

* 亦稱「半程鐵人三項」；「七〇．三」是指在總距離七〇．三英里（約一一三公里）的比賽中包含一．二英里（約一．九公里）游泳、五十六英里（約九〇公里）騎自行車和一三．一英里（約二十一公里）跑步。

量輸出的瓦特數，這讓她很苦惱。

只要數字沒有顯示出她期望值，她就會覺得很氣餒，而且她的表現也受到了數字的影響。她已經搞不清楚自己為什麼要全力以赴了。「這對她是重大的精神打擊，」琳德利說，「如果運動員太過在意數字，而且只在乎數字，那麼他的目標就只有這個數字的上限。」

後來，琳德利要她別再看功率計，並且讓她更了解自己的身體，體會百分之八十的訓練強度與竭盡全力之間有什麼差別，因而使她變得更強健。接著，她的速度也提升了。

二〇一四年，卡弗拉在科納市贏得她的第二個世界鐵人賽冠軍。雖然在比賽期間，她的自行車上還是有功率計，但她連瞄都沒瞄一眼。後來，其他運動員和教練想看看她記錄到的數字。「他們回覆說第一次看到這麼完美的紀錄，」琳德利說，「他們還請教她在練習鐵人運動時，是怎麼使用功率計的，但其實她連碰都沒碰一下功率計。」

我們在寫這篇文章時，在所有參加鐵人三項系列賽事的數百家鐵人三項俱樂部中，天狼星俱樂部（Team Sirius Tri Club）是美國排名第一、世界排名第三的鐵人俱樂部，排名依據的是會員在比賽中獲得的積分。可見成功的關鍵不在於數字，而在於運動員對達成目標的衝勁，和對自己的了解。

你可能會很疑惑：這些運動員的成就和我的事業有什麼關係？

圈粉法則

商業界的粉絲圈必須以人為本，而不是執著於數據。

琳德利表示教練與運動員之間培養的感情對運動員非常重要，這一點跟我看待醫生與病人之間的關係很相似：他們「擦出火花」的方式是專注在個人狀況而非數字，並且鼓勵個人找到自己的動力繼續前進。只要個人的故事背景不一樣，動機也會不同，也就是需要有人傾聽心聲的原因。

面對前來求助的病人或運動員，醫生和教練都是藉著了解他們的動機來建立彼此的關係。這種深入的認識能讓運動員和病人大大改善現況。琳德利忽略令人分心的科技產物，深入了解每位運動員的內心想法，因此發現了成功的關鍵要素。

「每個人心中都有熱情，只是點燃熱情的方式因人而異，」她說，「所以企業都需要知道怎麼吸引不同類型的顧客，也需要了解每個人的動機和決心都不一樣。不過，你還是能讓事業或產品備受矚目，關鍵在於了解不同顧客的需求，然後針對這些需求擬定行銷策略。」

我待在醫學院第三年時，開始對自己在醫療團隊中扮演的角色感到困惑。甚至有一點喪失信心。此時，有另一位病人提醒了我：光是聆聽個人故事就能找到當中蘊含的力量。

我在成人住院醫藥部工作期間，有位病人，暫且叫他傑瑞米好了，在夜間到訪，我得在醫療團隊見到他之前與他面談。但我去找他時，他不在診間。我回到原本的地方瀏覽手邊有關他的資料，心想過一會兒再去找他。

我看到報告中提到傑瑞米多年來進出遊民收容所。他在十年前因為槍傷而半身不遂，這次是來找我們治療一再復發的抗藥性泌尿道感染。

我第二次去診間找他時，他還是不在。護士走過來跟我說他已經離開了，但她不確定他去了哪裡。真的嗎？他應該不會再來了吧。我看一下急診室的紀錄，心想他在醫院外面應該還有別的事要忙。

我們在波士頓醫療中心治療的疾病包含社會因素和生理因素導致的症狀，我在想也許有其他因素會讓他的療程變得很複雜。他可能不急著治療泌尿道感染吧。

結果我猜錯了，傑瑞米最後還是回來了。下午三點左右，我跟他打招呼時克制住了內心的挫折感。他去哪兒了？如果他想接受治療，為什麼要隨心所欲地進進出出呢？我接著問他幾個簡短的問題：「你有發燒嗎？」「疼痛的感覺有沒有擴散到背部？」我還沒有幫他做檢查，他就打斷了我的話。

「請問一下，」他說，「這到底是怎麼回事？我照他們的指示吃藥了。為什麼我沒有好起來？」

我手裡的聽診器在搖晃。不管我提醒自己多少次要傾聽病人的想法，我也練習好幾次避開先入為主的成見，但有時候我還是會疏忽。我這才發現自己只是忙著確認表單上的症狀，沒有好好花時間留意其他事，包括他對我說話的態度、他上次為什麼要離開、他沒有提到的事，我分明是在找省事的方法避開麻煩。

但是，不會有人怪我的，因為大家都是這樣的，不是嗎？我知道他患有腎盂腎炎*，這在初步面談中，算是很容易應對的項目。我彷彿能聽到亨利的聲音在提醒我不要當機器人，醫療人員的當務之急是了解病患的個人故事。

我盡力回答傑瑞米的疑問。我還談到細菌、藥物以及後續的情況，就好像我開啟了新話題，然後等他理解這些資訊。他看著我的眼睛，慢慢地點頭。那一瞬間，我察覺到原本我沒有預料到的耐心特質。他耐心地傾聽我說話，同時很渴望理解我說的話。

「都沒有人告訴過我這些事，」他皺著眉頭說，「我可以再問妳一個問題嗎？」

那一刻，我感覺到自己的態度產生了轉變。我有空檔，因為我在接下來的幾個小時不需要授課，而且指導我的住院醫師知道我在跟這位病人面談。「當然可以，傑瑞米，」我回答說，「你想知道什麼就問我吧。」

---

* 細菌經由尿道、膀胱侵入輸尿管而擴散到腎臟，病因包含膀胱腫瘤、攝護腺肥大、泌尿道阻塞、結石症。

圈粉法則 你要先對顧客產生好奇心，你們的關係才會開始發展。

他介紹了一下他自己、他的挫折、他重視的事、他不在乎的事。他把有關自己的一切都告訴了我。

傑瑞米最後決定留下來治療了，誘因不是昂貴的診斷設備或強效的藥物，只是因為他重新安排了待辦事項的優先順序。他選擇留下來。

他和我們在一起的那一週，我們幫他換了三次藥，因為他的細胞比我們當初想像的不一樣，含有更具侵略性的細菌。他接受我們的道歉後，依然待在我們身邊。我們跟他說明必須透過靜脈注射抗生素，他得再待一段時間，才能確保注射沒有問題。

他留下來了。他完成療程後，指名要我幫他把靜脈裡的中線導管取出來。我不是主治醫生，所以我對他的藥劑沒有最終決定權，我也不是負責簽署醫囑的實習生。我只是之前花時間和他面談，了解一些他很看重的事，然後他就指名要我幫忙了。

傑瑞米坐著電動輪椅要離開醫院了，他中途停下來和我道別。「謝謝妳為我所做的一切，」他說，「我真的很感激。」

我做的事就是聽他說自己的故事。我沒有從圖表或教科書的內容來分析他這個人，而是從面對面的交流方式來認識他。

我邊聽邊了解他。

這麼做讓傑瑞米的觀感產生了莫大的改變。

第 11 章

避免混淆視聽的拙劣手段

——大衛

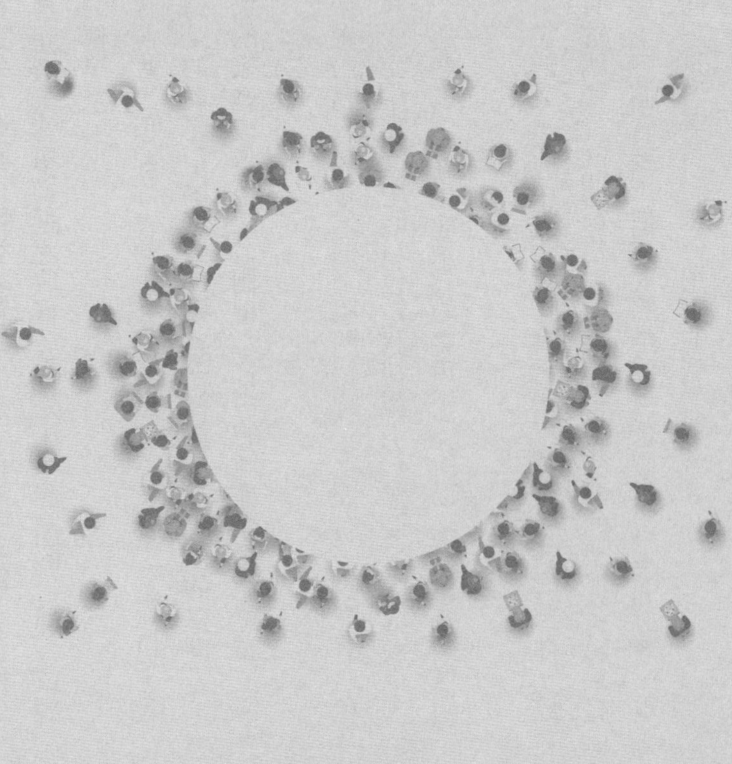

某一天，我們一如往常地把郵差投遞的十幾封信件從郵箱拿出來，再放到餐桌上進行分類。我們會把不感興趣的產品類、服務類廣告傳單扔進回收桶，例如床單商品的目錄，或想把房屋掛牌出售的不動產經紀人寄來的傳單。

其他的誘惑還包括一些有人的庫存照片，但照片上的人長得一點都不像我、裕佳里、我們的鄰居或其他認識的人。牙醫診所寄來的廣告信函上有「顧客」肖像，呈現出的畫面是：一組剛從美容院出來、準備進軍好萊塢的家庭成員，連他們精心打扮的純種深褐色拉布拉多犬，都有潔白無瑕的牙齒。

還有希望我辦理退休計畫方案的金融服務公司寄來的一張明信片，上面有一對穿著白色衣褲的苗條老夫婦，他們在看起來沒有受到半點汙染的白色粉狀沙灘上，無憂無慮地漫步，遠處有搖曳生姿的棕櫚樹。我在想：「這些人怎麼可能是你的客戶！」所以我也把這些信函拿去回收了。

我們也會收到一些為了引誘容易上當的人，而不惜誇大事實、撒下彌天大謊的郵件。以下是我們上週收到的幾封信函：一個有透明薄片的開窗信封，裝著很像支票的票據，結果打開一看，發現是信用卡優惠活動的傳單；一個看起來很正式的馬尼拉紙製信封上面蓋著「重要信函，請盡速拆閱」字樣，可是裡面只是裝著另一張信用卡的廣告單。

此外，有些和我有業務往來的公司也開始誇大其辭，就好像他們過去二十年都沒有把我當作顧客一樣。有一家銀行寄給我的月結單上註明「重要：請勿銷毀」。我銷毀這封信了，因為我已經上網看過自己的月結單了。

我也接到過兩通詐騙電話：一通告訴我贏得「免費航行加勒比海一週」的大獎，另一通則說要幫我處理積欠國家稅務局的錢。

很多人都接收到數不清的類似電話、電子郵件和郵購廣告，以至於他們對謊言已經習以為常了。這也難怪你會偶然聽到別人質疑：「這些公司說的話可以信嗎？」

不少人都被往來的企業欺騙太多次，因此他們都已經能敏銳地察覺謊言。直覺會告訴我們要離那些企業遠一點。

讓粉絲上當的行銷是撒謊

有很多組織都把前述的廣告信函和電話當成與顧客溝通的技巧。他們的表達方式讓人覺得很不誠懇、不真實。

以下是我們經常看到或聽到的說辭，如同常見的郵購廣告，只會讓我們不願意再相信這些人了。（我們把自己的心聲寫在括弧中，藉此提出質疑。）

- 「我們很重視您的來電。」（是喔，那為什麼沒有人接電話？）
- 「由於來電量超出預期，您需要等待的時間比平常長。」（為什麼每次打過去都是忙線中？為什麼你們不多雇用一些客服人員？）
- 「我們愛我們的顧客。」（你們真的有感受到愛嗎？）
- 「快要沒貨了！」（我們對這種過時的產品根本沒有興趣耶。）
- 「這是我能給你的最優惠價格。」（當然囉，除非你不想做我們的生意。）
- 「我老公是某個非洲國家的石油部長，他最近去世了。我需要找一個可靠的人，幫我從他的帳戶匯一千五百萬美元給我，然後我也會支付一大筆費用當作回報。」（是喔，那為什麼妳在東歐呢？）

似乎也沒有多少人相信領導者說的話。政治就像一部劇作。政客參加競選期間會做出一些承諾，他們相信選民都知道他們不會遵守承諾。他們當選後，多半都會直抒己見，也不怕產生不良後果。他們接受採訪時，顧問會提醒他們：當務之急是盡力吸引觀眾的注意力，以免觀眾拿遙控器轉台。

如今，在公共場合撒謊是如此普遍，有些行銷人員甚至覺得可以盡情把謊言當作一種製造話題的手段。「假新聞」屢見不鮮，簡直就是個笑話。

舉個例子來說，二〇一八年六月四日，社群媒體突然報導國際連鎖鬆餅店ＩＨＯＰ（International House of Pancakes）要在幾天後改名為「ＩＨＯｂ」。該公司確實在推特帳號「@IHOb」撰寫推文，發布以下聲明：

> 六十年來，我們一直都用ＩＨＯＰ這個名稱。現在我們要「翻轉店名」，把字母Ｐ倒過來改用ＩＨＯｂ。大家來猜猜看ｂ是什麼意思，我們會在二〇一八年六月十一日公布答案。#ＩＨＯｂ

@IHOb 轉推了一張把ＩＨＯＰ標誌替換成ＩＨＯｂ標誌的圖片，使得改名這件事看起來所言不假。

許多ＩＨＯＰ的粉絲在社群媒體深表關切。他們想知道：我們鍾愛的品牌到底出了什麼問題？有數千名粉絲一點也不喜歡新名稱，他們在社群媒體發表以下言論：

- 「ＩＨＯＰ要改名為ＩＨＯｂ，有人認為ｂ是『早餐』的意思，我敢打賭是『背叛』的意思。」
- 「剛剛得知 ihop 要把店名改成 ihob，這讓我覺得自己有很多基本權利都受到侵犯了。」

- 「IHOP 決定把店名改成 IHOb？！天哪，他們的招牌是鬆餅耶！」

還有一些人在社群媒體特別針對相關行銷人員留下以下評論：

- 「國際連鎖劣質店的行銷決策。」
- 「如果我是蒼蠅，我想停在牆上偷聽你們都在行銷會議上說些什麼。」
- 「@IHOb 你好，好端端的竟然要從久經考驗的商業模式轉到新的方向，真是不錯的主意。新可口可樂*會祝你好運。」

許多主流媒體平台都被這個消息吸引，紛紛發表有關即將更改店名的報導，包括《華盛頓郵報》、佛羅里達州的《太陽哨兵報》（*Sun Sentinel*）、雅虎、有線電視新聞網 CNN，以及幾家隸屬廣播公司 ABC、電視聯播網 CBS 的當地電視台。

有些人試著猜測「IHOb」是什麼意思。很多人都猜是「國際連鎖培根店」。也有人發揮創意，猜一些像是「國際連鎖碧玉店」、「國際連鎖比特幣店」等偏離主題的答案。

水果分銷商金吉達（Chiquita）在推文上猜是「國際連鎖香蕉店」，而音樂家布萊恩・伊諾（Brian Eno）在推文上寫著「國際連鎖布萊恩・伊諾」。

有些漢堡連鎖店也加入話題，想出一些巧妙的「劫持新聞」噱頭。漢堡王甚至在社群媒體暫時把自己的店名改成「鬆餅王」。

溫蒂漢堡也參一咖，在推特使用帳號「@Wendys」發表推文：

還記得你們七歲時，覺得把自己的名字改成「雷神劍熊」非常酷嗎？想改名就是這樣的感覺吧，但不管怎麼樣，我們的起司漢堡還是比較美味唷。

吃啥漢堡（Whataburger）也用「@Whataburger」發表推文：

我們超愛吃鬆餅，但我們絕對不會把店名改成「吃啥鬆餅」。

---

* 可口可樂公司在一九八五年發售的飲品，目的是取代可口可樂的原本配方，但新配方上市之後負評如潮，公司只好立即將新配方改回原本的配方。

結果到了二〇一八年六月十一日，IHOb……嗯不對，應該是說IHOP終於讓全世界知道答案了。

只是一場玩笑罷了！

IHOP坦承沒有更改店名的打算，這一切只是為了讓社群媒體宣傳一個事實：現在開始，大家除了可以在IHOP吃到早餐，還可以吃到漢堡。

原來，IHOP把撒謊當作行銷手法。但這種做法卻讓原本的忠實顧客敬而遠之。

「IHOb」這個名稱無疑是行銷伎倆。你可能會說：「大衛，你幹麼那麼認真。」

沒錯，這個伎倆成功引起了眾人的注意。

可是，**當你與支持公司和產品的忠實粉絲交流時，混淆視聽就是欺騙的行為，不是良好的行銷方式，也不是創造粉絲力的好方法**。這個故事凸顯了信任的重要性，以及顧客是否會把品牌與信任感衍生的事物聯想在一起。

我在社群媒體分享自己對這種情況的想法時，有些網友留言回應如下：

- 「IHOP選擇用信任換取知名度，這種知名度不久就會消失了，大家對他們的信任感會消失得更快，而且很難恢復。」
- 「他們就像在演《狼來了》。沒有人會再相信他們了。」

- 「為什麼不挑在四月一日做這種事？他們大概覺得這樣做實在太聰明了，不需要等到愚人節再做。」
- 「所以保羅真的掛了嗎？」*

經過好幾個月、好幾年的互動過程後，顧客會漸漸了解品牌的內涵。以餐廳為例，品牌的內涵包括整潔度、員工的舉止、食物品質等。顧客可能從幾十次到訪，變成持續幾十年的往來關係，他們的評價能影響到一代又一代的後輩對品牌產生的印象。品牌和顧客之間的關係很複雜。鞏固信任感絕非一蹴可幾。

這個道理適用在每一個實體，無論是餐廳、飯店、航空公司、軟體產品、交通工具、演員、歌手、推銷人員、顧問、銀行家、股票經紀人、評論家、醫生、電視節目、電影或百老匯表演等。大家都需要用心對待有生意往來的顧客，因為他們是協助品牌建立聲譽的重要角色。

---

* 有關英國搖滾樂團披頭四（The Beatles）主唱保羅．麥卡尼（Paul McCartney）的陰謀論，許多歌迷相信唱片公司為了賺錢而刻意隱瞞保羅的死訊，安排另一個與他相貌相似的替身來欺騙世人。

圈粉法則
建立信任感是創造粉絲力的基本條件。

每個人都可以在網路上搜尋替代的選項，所有產品、服務和體驗在市場上都面臨著眾多的競爭對手。一旦你服務的消費者不再信任你，你要他們再「吃回頭草」恐怕就難上加難了。另外，抱怨並不會占他們太多時間，他們只需要花幾秒鐘就能在推文上寫負評。

社群媒體上類似「IHOP／IHOb」事件的伎倆存在很多問題。只要你採取一次撒謊的商業策略，往後你的生意若遇到了危機，你的人脈就不太可能在這種情況派上用場。以IHOP為例，萬一很多人都對這家店十分反感，他們還能靠著在社群媒體發布令人信服的解釋，來撐過這場危機嗎？

這一次還會有人相信他們嗎？

組織裡的人不可能一面玩弄事實，還能一面維持住粉絲、客戶／顧客*的忠誠度。我們來對照一下IHOP和另一家廣受歡迎的連鎖餐廳與粉絲交流的方式有什麼不同。你很快就會看出他們的差異——真實性。

說實話的成功典範：肯德基危機

「肯德基危機」（＃KFCCrisis）事件發生了！專賣炸雞的速食店竟然沒有雞肉！二〇一八年的某天本來是個美好的日子，可是英國的肯德基店卻缺了雞肉。原來是肯德基換了其他物流公司，而新的供應商搞砸了家禽配送。

肯德基本來也可以做出一般人預期的舉動，例如迴避雞肉短缺的問題、憑著官樣文章掩蓋事實、指責物流公司等。不過，肯德基的反應很不一樣，他們選擇透過社群網路和廣告對外溝通，用幽默的方式讓人感興趣，同時也提供重要資訊給經常光顧的粉絲，這個方式真是令人讚嘆啊！

英國的報紙刊登了肯德基的整頁廣告，巧妙地把炸雞桶上的「KFC」商標改成「FCK」。有一段廣告文寫道：

> 我們很抱歉。專賣炸雞的速食店居然沒有提供雞肉。在此向我們的顧客致上誠摯的

＊ 客戶（client）專指購買專業服務的賓客；顧客（customer）多指到商店購物的消費者，通常僅限於買賣關係，沒有契約關係。

歉意，尤其是那些不遠千里而來卻發現我們沒有營業的人。我們也十分感謝內部團隊成員以及經銷合作夥伴，他們不辭辛勞地改善情況。這一週，我們處在水深火熱之中，不過我們已經有進展了，每天都有愈來愈多新鮮雞肉送到我們的店。還請各位多多包涵，謝謝。

肯德基很快就建立一個網站，列出所有英國分店及各家分店的雞肉庫存狀況，另外也透過智慧型手機應用程式獎勵與此次事件相關的人士。

肯德基也持續在社群媒體更新消息，發布了不少有趣的廣告。

從大眾在社群媒體的回應來看，肯德基處理這場危機的表現很出色。他們迅速公開溝通，讓顧客清楚知道發生了什麼事，而且做法引人入勝。當雞肉類的餐點再度上桌時，顧客就釋懷了。

圈粉法則

每當你與粉絲互動，千萬一定要說實話。

你的粉絲理應了解發生的情況，因此你找不到比說出事實更可取的辦法。你不該掩蓋消極的一面，你必須立即正視問題，並且傳達明確又具體的資訊。有很多不同的應對辦法，我們格外喜歡肯德基採用的幽默方式。

資訊透明，贏得消費者信任

保持公開透明和誠實是創造粉絲力的關鍵要素。只要你的粉絲了解你為人處世一向開誠布公，即便你出了差錯，他們還是會尊敬你，也很渴望繼續與你往來。

有許多組織行事光明磊落，向來把經商方式透明化。他們的顧客注意到這一點後，不斷回頭購買。許多顧客都是他們的長期忠實粉絲，因此粉絲力也隨著時間發展起來。

橄欖油是公認最早的超級食物*，擁有豐富多彩的歷史。西元前三五〇〇年，可食用的橄欖生長在遠古的克里特島，而羅馬人在大約西元前六〇〇年，開始種植橄欖樹林和採油。不過，現代的橄欖油產業充斥著誤導性質的廣告、含糊不清的聲明、負面消息，以及有關油

* 為行銷詞彙，泛指有益健康的食物。

的來源與新鮮度的不實資訊。

有時候，消費者買到的油並不是從橄欖直接榨取。有些供應商欺騙消費者的手法是：把橄欖油和大豆油或葵花油混合在一起、用劣質的橄欖油稀釋優質橄欖油、謊報原產國，比如在別國生產的劣質橄欖油瓶身上標示「原產地：義大利」。

維里塔特橄欖油（Veritat Olive Oil）公司的創辦人暨執行長朱莉．哈尼斯（Julie Harnish）認為現實面能發人深省，意義重大。「Veritat」在加泰隆尼亞語裡的意思是「真相」，這家公司的橄欖油是直接從西班牙的普歐拉特地區進口。

多年前，哈尼斯和家人住在巴塞隆納時，就很注意給四個年幼孩子吃的食物。她漸漸愛上當地品牌的橄欖油，也因為很喜歡橄欖油的味道，她著手研究油的來源、會見供應商，以及了解製造流程。她的孩子逐漸長大後，她發覺橄欖油已經變成她的愛好，於是她開始為巴塞隆納朋友舉辦橄欖油的品油會。

她了解一般人的好惡之後產生了動力，不久就開始裝瓶和出售橄欖油。在創業的過程中，她在初期階段與顧客培養深厚的交情，並且送橄欖油給朋友，為自立門戶做足準備。後來她搬到了美國，便成立了一家進口西班牙橄欖油的公司，建立了以零售和郵購方式銷售的品牌。

「橄欖油會變質，所以保持新鮮度很重要，」哈尼斯說，「大概十八個月到兩年後就會走味，要看你怎麼保存。變質的橄欖油沒有毒也不會致病，只是嘗起來很噁心。這只是問題的一部分，缺乏誠信的供應商往往沒有動力去生產新鮮的油。我更關心的問題是攝取這種油的每一個人。也許我是身為人母之後，才這麼在意別人的健康吧，不過我對自己說出的話有責任，顧客可以信任瓶中油的成分和原產地。」

哈尼斯也認為培養信任感很重要。維里塔特專門出售單一栽培品種的橄欖油。多數以營利為目標的橄欖油都是混合物，就像葡萄酒一樣，不同品種的葡萄製成的葡萄酒風味各異其趣，同理，不同的橄欖栽培品種，也會在橄欖油中展現獨特的特性。

「我發現單一栽培品種比較討人喜歡，味道的層次也更豐富。」她說道。因此，她的顧客都相信她的橄欖油標籤最精確，這為她帶來許多「回頭客」、穩固的友誼，也讓她與有業務往來的單一栽培品種供應商、主廚和裝瓶商建立相扶相持的關係。

不過，優質的油不便宜。「單一栽培品種的橄欖油進口到美國的實際成本，是售價十美元橄欖油的三倍，競爭很激烈。」她說道。

後來，哈尼斯把堅守真相的理念發揮到極致，她靠區塊鏈的加密技術，來追蹤從橄欖樹林一直到終端消費者的橄欖油供應鏈。

每個瓶子都有供顧客掃描的二維條碼，能引導顧客到一個列出產品細節的頁面，包含採摘橄欖的日期和時間、橄欖樹林的位置、放入哪些專用籮筐、何時在製造廠磨成糊狀、何時油水分離、何時裝瓶、何時到達巴塞隆納的港口、何時抵達美國的港口。而透過零售托運公司追蹤系統，哈尼斯也能知道橄欖油包裹送達消費者住家的確切日期和時間。

橄欖油產業第一次出現這種利用區塊鏈追蹤橄欖樹林到終端消費者的流程。儘管哈尼斯的定價比多數橄欖油品牌還要高，她的生意卻仍蒸蒸日上。

究竟是什麼關鍵因素促成了她的成功呢？她又做了什麼事來展現誠實，不辜負公司的名稱意義呢？

資訊透明度。

區塊鏈技術及她建構商業模式所帶來的價值，最終為她創造了這項優勢：消費者能全面了解購買到的產品資訊。哈尼斯發現對顧客坦誠有益於生意發展，因此她把公開化的做法當作市場形勢中的商業特色。由於市場上的欺騙手法層出不窮，她的做法反而是拉攏粉絲的好方式。

哈尼斯創辦維里塔特的成果，證明了坦坦蕩蕩地與顧客打交道，能產生驚人的力量。她的例子凸顯出一家企業能先為粉絲圈做什麼事，不該像短視近利的公司那樣，出售劣質油或胡亂貼標籤。

當然，不是每種產品或服務都適合哈尼斯採取的技術導向解決方案：用極高透明度的方式，分享橄欖油從橄欖樹林一直到終端顧客的運作流程。不過，注重公開透明的做法對任何組織都有好處。只要你能贏得粉絲的信任，他們就不會在你遇到困難時離開你。

別讓售票流程毀了歌迷的信任感

人們評估要不要與某個組織往來時（或決定讀哪所學校、捐錢給哪家非營利組織、體驗哪種娛樂活動，或投票給哪個政客），需要先確認自己可以信任這個組織。

現代人在考慮購買、投資、參與或工作等方面時，通常會參考這些組織的網站、社群媒體、網路評論、實體商店、辦公室或批發店，以及他們遇到的代表公司門面的員工是什麼樣的人。

圈粉法則

言行一致能贏得顧客的信任。

無論是新成立的企業、經營已久的企業、新品牌或老牌子，該如何讓粉絲對即將上市的商品產生信任感呢？很簡單，就是凡事都要優先考量到粉絲，而你的企業經營方式也要表裡如一。

你跟我、玲子都一樣是現場音樂迷嗎？你是不是也和我們一樣，有時很渴望去看某場表演或演唱會，卻因為買不到想要的座位而感到沮喪呢？我們發現許多表演的售票流程都很不透明，不過，有些受歡迎的藝人會很用心地幫頭號粉絲安排視野最佳的座位。

在某些情況下，藝人的收入也許在短期內因此減少。但如果樂團能幫助一般粉絲以合理價格買到票，粉絲可能就會年復一年地觀看這個樂團的表演，也就是說，這些粉絲買票的錢累計起來，會比受騙粉絲付出的錢還要多。

美國的售票流程、某些樂團如何運用售票流程來塑造粉絲力，都是值得我們注意的事。以下說明可以協助你找到為企業制定透明度原則和展現真實性的方法。

大多數樂團都會在 Ticketmaster 或其他電子銷售平台出售演唱會門票，不過，視野最好的座位通常都會被黃牛利用搶票機器人搶購一空。搶票機器人自動買票之後，會在 StubHub 等第三方網站加價轉售。而這種手法是很常見的產業慣例。

可是身為粉絲，你在熱門表演一開放售票就馬上登入售票服務系統，卻發現劇院的座位只剩下二樓的看台區，或表演場地只剩下階梯式座位的最上面一排，你難道不會很失望嗎？

在這種情況下，你會想掏錢買票嗎？

更令人沮喪的是，你在 StubHub 或其他售票代理網站上，會看到成百上千個「遙不可及」的最好座位，這些座位的票價是面值的兩倍或三倍以上，你會有什麼感受？

可悲的是許多樂團串通一氣，把門票留在次級市場轉賣。他們只顧著從中獲利，不顧惱火又困惑的忠實粉絲。很多樂團的管理者都抱持著短期獲利、多一事不如省一事的心態。他們認為讓黃牛買下數千個席位能夠省事，也比較沒有失算的風險，原因是萬一表演不受歡迎，這些黃牛就得承擔無利可圖的風險。

離演出日期不到幾天時，黃牛因為門票賣不好而虧本拋售的情況相當常見。無庸置疑，這些樂團及其管理團隊的做法，並不能建立忠誠的粉絲圈。

有些樂團會怪罪黃牛、搶票機器人和電子售票服務系統，聲稱他們沒有權限阻止黃牛搶購最好的座位。但實際上他們有選擇的餘地。如果他們願意把認真對待粉絲當作自己的責任，就有機會營造持續好幾年、甚至數十年的粉絲力了。

另一方面，有許多樂團、管理團隊和售票產業都在積極解決這種票務問題。

二〇一六年，Ticketmaster 推出認證粉絲（Verified Fan）服務系統，能利用演算法來區別顧客當中誰才是真正的粉絲、誰是為了轉售而購票的搶票機器人或黃牛。我用認證粉絲買過許多表演的門票，我覺得效果還不錯。

之前人氣超高的百老匯音樂劇《漢密爾頓》來波士頓演出時，我就是透過 Ticketmaster 的認證粉絲買到搶手門票。這個購票平台查到我多年買票的紀錄，確認我是樂迷後，就給我一組特殊代碼。

話雖如此，我們撰寫本書時，只有幾百位藝人使用這款服務系統。要不要為了尊重歌迷而註冊認證粉絲，是藝人的個人決定。布魯斯・史普林斯汀（Bruce Springsteen）就用過認證粉絲舉辦火紅的百老匯表演。

《滾石》雜誌指出只有三％的門票在次級市場轉售，可見有不少史普林斯汀的粉絲直接買到了門票。其他為了避免數十億美元門票生意落入黃牛之手，而決定試用認證粉絲的藝人還包括：珍珠果醬樂團（Pearl Jam）、湯姆・威茲（Tom Waits）、傑克・懷特、紅髮艾德以及哈利・史泰爾斯（Harry Styles）。

有些藝人則試著用其他方法來解決票務問題，並且公開售票的流程。

許多開明的藝人已經採取無紙化的售票方式，要求粉絲在入場時，出示出示身分證明文件（通常是身分證或購票時使用的信用卡）。這種做法能確保只有門票的買家（以及與買家同行的夥伴）才能入場。

不過，這種執行方式的缺點是：粉絲可能在入場前要排很長的隊伍，因為每個人都必須在入口接受審查。

也有些藝人成立粉絲俱樂部供會員購買表演門票。國民樂團（The National）的專輯《櫻桃樹》（*Cherry Tree*）、戴夫．馬修斯樂團的專輯《倉庫》（*Warehouse*）和傑克．懷特的專輯《穹頂》（*Vault*）都是實例，粉絲每年支付會員費，就能優先取得表演門票。

另一種做法是動態定價策略，很像航空公司為座位定價的方式。隨著表演日期逼近，門票價格也有所不同，粉絲可以自行決定何時付款。以搭乘飛機為例，坐在你旁邊的旅客支付的機票價格可能和你不一樣。這種售票方式能使粉絲在初級市場購票的收益歸藝人所有。

滾石樂團最近的巡迴表演都是採用動態定價策略，而且他們對外公開定價方式。他們宣布要辦表演後，粉絲俱樂部的會員可以優先取票，接著才輪到沒有加入會員的粉絲。不過對粉絲來說，表演門票剛開賣時，搶手的門票很昂貴，這與國際航班的商務艙座位在出發日期之前六個月開放售票很相似。如果你想搶到最好的座位，就得先付清門票費用。

滾石樂團把靠近舞台的座位制定在接近次級市場的價格，而把某些熱門座位的價格定在一千美元以上。然後，就像常見的機票銷售方式，滾石樂團會在表演日的前幾週，把未售出的門票以較低的價格賣給粉絲。

滾石樂團在上一次的巡迴表演就祭出「摸彩」（Lucky Dip）售票辦法，讓粉絲以划算的價格買到兩張票，不過他們要等到抵達現場之後，才知道座位在哪裡。而且兩個人必須一起報到，購票方要出示身分證，現場人員才會隨機給他們兩張票。此外，他們一拿到門票就要立即進入活動地點，以確保他們不會藉機到外頭轉售門票。

售票產業若要重新贏得粉絲的尊重，依然需要再加把勁。售票公司很快就會發覺到，讓忠實粉絲買到最好的座位才是雙贏的局面。他們創造粉絲力時，真誠地與粉絲合作、理解粉絲失望的原因，並展現出粉絲的重要性，才是有意義的業務往來方式。

圈粉法則
別再編織謊言了，開始建立良好關係，改變世界！

你有沒有遇過一種情況是「往來的公司迫使你做最壞的打算」呢？你會把收到的企業表單當成垃圾丟掉嗎？你預料到自己會被利用嗎？你以為往來的公司不會很快回應你，結果你猜錯了，此時你會覺得他們接下來要麼言而無信，要麼試圖操縱事實嗎？

在醜聞接連不斷的世界中，許多機構不在乎真相，也有愈來愈多人隨意散播假新聞的內容。所幸各家企業和實體可以採取簡單易行的方法，來保持耗費幾十年建立起來的信任感。

那就是：要及時坦承過失、危機、阻礙障礙、謬誤或其他有問題的情形。你的粉絲理應了解狀況。

對待顧客時，與其拖延回應、說些站不住腳的空話、掩蓋不光彩的程序，還不如採納致勝的透明化做法。社群媒體和其他媒體平台都很適合用來與粉絲保持聯繫，尤其是出差錯的時候，企業能借助網路的力量化危機為轉機。

某個人或企業用誠實公正的態度對待你，你怎麼可能會不高興呢？縱使企業的代表人員告訴你真相後，你當下很反感，但你還是會覺得備受尊重吧？如果你有幸遇到這種企業，難道你會不樂意與他們持續合作嗎？你也很可能向朋友推薦這家企業，不是嗎？

我最近整理信件時，看到另一本商品目錄，不過我沒有把它扔進回收桶。寄件者是某家行事光明磊落的組織，因此我很高興地翻閱目錄。

德國光學（Deutsche Optik）專賣多餘的裝備，這些裝備通常來自世界各地的軍隊。他們的商品目錄是由創辦人賈斯特斯．鮑辛格（Justus Bauschinger）編寫，目錄的第一頁有他的照片和電子郵件地址，供顧客聯繫。我很欣賞他講真話的方式。他在二〇一八年冬季目錄中的公開信中，提到以下這段話：

我又發現了很多好貨，所以我把它們列在這幾頁供您參考，有來自瑞士、捷克、南斯拉夫的貨，也有美國的貨喔。我們的復古顯微鏡和打字機快要賣完了，賣完就沒有了。我們差不多快沒貨可以賣了。但是，世界上總會有一些令人嚮往的東西等著我們去發現。我即將在一月底到歐洲為您尋寶。

我和德國光學往來一段時間了，所以我知道鮑辛格說的是實話。他說庫存短缺，並不是要騙人消費。他是認真的。

鮑辛格在目錄上寫的內容經常讓我捧腹大笑，他的描述方式很直白，有時候可能會讓人讀起來覺得尷尬。舉個例子，以下這一段是他對義大利海軍雙排扣大衣的描述（考慮到篇幅，我刪減了幾句話）：

號外！您也知道因為尺寸的問題，我們很少在目錄裡放洋裝，幸好偶爾有讓人眼睛一亮的好貨出現，連我們都抵擋不住誘惑。就像幾年前我們賣的法國阿爾卑斯山軍隊的羊毛披肩，這款義大利海軍雙排扣大衣也讓我們覺得充滿陽剛之氣，看起來就好像是喬治・亞曼尼（Giorgio Armani），或埃爾梅尼吉爾多・傑尼亞（Ermenegildo Zegna）親自為義大利軍隊設計的制服！可是呢，我們的海軍雙排扣大衣和他們設計的華麗大衣相比，簡直是小巫見大巫……。

請注意：這款雙排扣大衣只適合身材高挑的人穿，所以如果你有啤酒肚，那就不適合穿了。

太厲害了。這位德國光學的創辦人不但懂得在商品目錄中用「陽剛之氣」這個詞來描述一件大衣，還提醒有啤酒肚的人下單之前要三思。誰會這樣寫給顧客看呢？也許我們都應該向他學習，這樣的描述方式令人耳目一新又有感染力。

幾十年來，我一直都是德國光學的粉絲。鮑辛格的溝通方式簡單明瞭（有些人可能會覺得他說話太直白），這就是為什麼我會那麼欣賞他。

第 12 章

把員工培養成頭號粉絲

——大衛

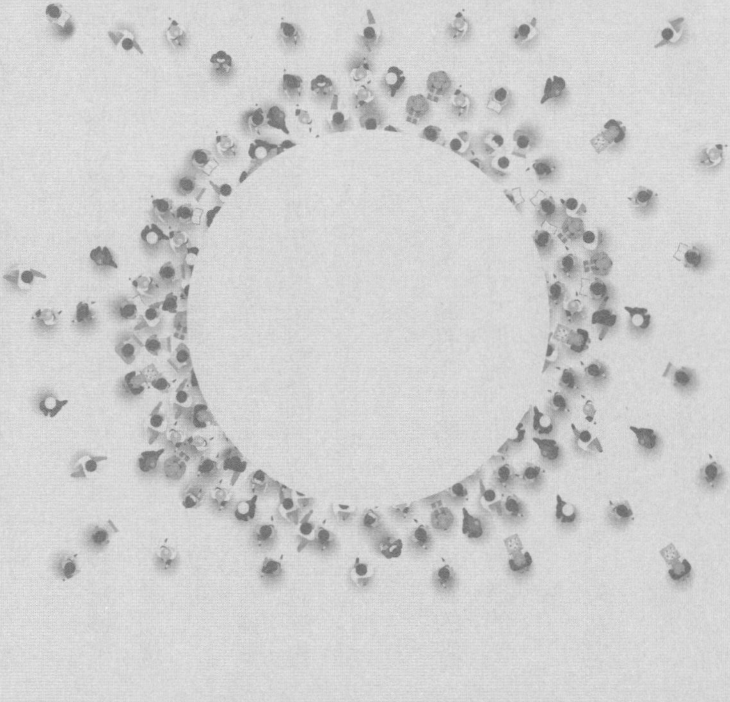

二〇一八年初，我到羅馬發表演講，其中有一天的空檔讓我能自由探索這座城市。午餐時間到了，我到處看看有沒有道地的傳統料理。

我比較了十幾家餐廳，從窗外觀察內部的用餐環境，再翻閱一下菜單，最後我選擇了 Cajo & Gajo 餐廳，位置在風格特別的特拉斯提弗列（Trastevere）街區裡的聖加理多廣場（Piazza di San Calisto）。我選這家餐廳的原因是：環境看起來溫馨宜人，而且價格不貴。

這家餐廳位在許多觀光客會經過的區域，而且招牌的文字是英文，我本來以為能在這裡吃到一頓有特色的餐點，可惜沒有什麼特別之處。我之前在許多不是靠回頭客維持生意的餐廳吃過飯，所以我猜這家餐廳的服務應該也很普通。有人在乎嗎？畢竟像我這樣的觀光客可能只來消費這麼一次。

最先引起我注意的是餐廳外面一個大型復古木框黑板，上面有多種顏色粉筆繪製的圖案：富有想像力的音符、裝滿水的玻璃瓶、狂歡時段*（一公升葡萄酒十歐元）旁邊的笑臉、免費 Wi-Fi。我覺得很有趣。我一走到餐廳門口就不自覺地微笑了。

不久之後，有人跟我打招呼說：「您好！我是加塔諾。您比較想坐在外面，還是想在室內用餐呢？」

「今天這邊的天氣不錯，不像我住的波士頓那麼冷，」我說，「坐外面好了。」

「羅馬的天氣大致上都很不錯！」加塔諾笑著指指鵝卵石人行道上的幾張空桌。

那裡有一些裝飾用的盆栽、雨傘和裝滿空酒瓶的木箱。加塔諾很健壯，看起來三十多歲，他臉上蓄著大概一週沒有修剪的鬍渣，身穿黑色長褲、黑色高領上衣，衣服上面有「Cajo & Gajo」的標誌，而鮮紅色的圍裙上印著一家葡萄酒供應商的名字。

「都可以喔，很多人都會選外面的位置，因為可以看到廣場，」他說完便指向餐廳的門，接著說：「但如果你改變心意的話，我們室內也有空桌。對了！這位是瑪麗亞。我們今天下午都會在這裡，有問題都可以跟我們說喔！」

我在 Cajo & Gajo 餐廳的體驗超出原本的預期。他們有風趣的員工：加塔諾、瑪麗亞和其他人，使我的用餐體驗愉快又難忘。我看得出來他們很喜歡自己的工作。他們時時保持微笑，一有空檔就默默地跟著音樂哼唱和起舞。他們也和坐在我旁邊的三對情侶有說有笑，而且他們散發出的熱情讓這群人又點了一瓶葡萄酒。

不過，他們的推銷話術聽起來一點都不會讓人覺得有壓力，也不像是在背台詞，感覺就像他們和朋友在家裡吃飯閒聊。

我吃完午餐後，很驚訝地看到他們送上特別招待的檸檬酒和餅乾。哇！多麼棒的餐後甜點啊！

---

* 酒吧提供飲品優惠的時段。

然後，我問他們可不可以讓我拍一張他們的合照，他們都很友善地擺了姿勢：三個人在通往餐廳內部的台階上互相靠近，他們都笑著用手指做了愛心的手勢。這次的美妙體驗使我發覺到：他們正是粉絲力的活生生典範！

餐點吃起來還不錯，不過羅馬有不少餐廳的餐點都不錯。雖然我的座位靠近風景如畫的廣場，但我見過其他更有趣、更美麗的廣場。

真正讓我變成 Cajo & Gajo 餐廳粉絲的原因是：我和那群滿腔熱情的員工共度的時光。

那天晚上，我回到飯店後，看了一下其他用餐者在貓途鷹留下的評論。在羅馬的一萬五百七十八家餐廳當中，Cajo & Gajo 餐廳是第五十二名，這個名次早在我的預料之中：擠進前一%！有趣的是在一萬多則評論的前幾頁，幾乎每則評論都先出現形容服務和員工的「友善」、「親切」等詞，接著才評論餐點。

Cajo & Gajo 餐廳主要是靠員工與顧客互動的方式建立粉絲力。熱情的員工只是餐廳的要素之一，卻能強而有力地引人注目，並創造忠誠的粉絲圈。他們沒有名廚，地點也不是位在人潮眾多的高檔街區，但員工卻能使我這樣的顧客留下愉快的回憶。這是多麼有效的經商方式啊！有熱情的員工善待你，難道不是一種樂趣嗎？

貓途鷹的資料指出，讓充滿活力的人代表品牌形象，對生意大有裨益。

刻意的做法可能適得其反

許多企業都很願意投入大量資金來發展「組織文化」，目的是創造出一種鼓勵員工變成忠實粉絲的文化，如此一來這些員工就會主動與外界分享企業的粉絲圈。但這種投資往往讓人覺得假惺惺。激勵員工參與粉絲圈，或設法要求員工穿著有公司商標的馬球衫、要求他們在夏天參加員工烤肉活動，這些做法有時反映不出我在 Cajo & Gajo 餐廳遇到的那種真正的快樂與熱忱。

長期下來，刻意的做法沒有成效，還可能適得其反。本來對工作懷有熱忱的員工也可能對逼迫、虛偽的做法感到不滿。不只是他們，每個人都渴望做真實的自己。

我再強調一次，我之所以那麼快就加入 Cajo & Gajo 餐廳的粉絲圈，並不是因為餐點或景色，而是因為餐廳員工與我相處的方式。我在那家餐廳享用美食時，他們與我建立了交情。我看到熱情的餐廳員工開心做自己：又唱又跳、親自繪製菜單、拍照時比出愛心手勢、說一些俏皮話，這一切都讓客人覺得好像在和家人相處，可說是很獨特的體驗。

也許 Cajo & Gajo 餐廳的員工從來沒有把自己當作「粉絲力的功臣」，但他們確實配得上這樣的讚譽。從其他用餐者的表情也看得出來，這些員工讓每位像我一樣有幸在那裡用餐的人都刮目相看！

圈粉法則

組織內部員工發自內心的宣傳方式，能激發出粉絲力所需要的熱忱、快樂和熱情等要素。

一般顧客都已經很習慣遇到「做好分內工作」的服務員。不過，如果有員工對自己的工作展現出熱愛的力量，便能產生極大的影響力。周遭的人事物都會受到影響，工作、相關人員很快就會捲入其中。這就是打造粉絲力的高招。

奧運金牌舵手如何讓團隊打破紀錄？

「當你在比賽中落後時，你的身體反應就好像在對你大喊說：『老兄，怎麼了？』」彼得．西博隆納（Pete Cipollone）說道。他是二〇〇四年美國男子八人划船隊創下世界紀錄的雅典奧運會金牌舵手。他曾經在二〇〇〇年參加雪梨奧運會，也在一九九六年的亞特蘭大奧運會擔任過教練，目前是榮獲四次世界划船錦標賽的冠軍。

他接著說：「於是你開始產生動力。你每一次划水都離終點線更近了。你要麼在競賽中繼續前進，要麼偏離航道。然後你會有一種很奇怪的感覺，一方面承受著逼你放棄的痛苦，另一方面你的心吶喊著：『不，我要繼續前進。我要把自己逼到極限。我想知道自己的極限在哪裡。』這個時候就是划船最精采的時刻了，因為你各方面的潛能都發揮到了極限。你的身體尖叫著要你停下來，但你的心聲卻說：『不要停下來，繼續划。』然後你的潛意識疑惑了：『我還能撐多久？』」

西博隆納最讓人印象深刻的比賽是一九九七年的查爾斯河划船賽（Head of the Charles Regatta），當時他是美國男子八人划船隊的參賽舵手。現場有位記者問他可不可以在賽艇上放置錄音機，記者想錄下他在比賽過程中發出的指令。他同意了。

大家聽著，我相信你們可以打破記錄！
預備，預備……
出發！
直腿划！
直腿划！

直腿划！
這是這樣！
蹬腿出力！
蹬腿出力！
蹬腿出力！
往航道前進。走！
握柄向前推！
握柄向前推！
握柄向前推！
繼續，這是這樣！

「我們大獲全勝並打破賽程紀錄，我們也是第一組突破十四分鐘紀錄的團隊，」西博隆納說，「我的指令聽起來很像盜版的感恩至死歌曲，有好多舵手都想轉錄下來，然後就在網路上傳開了。好多人來找我，有槳手也有舵手，我最常聽到的話是『我在鍛鍊身體時，都會聽那場比賽的錄音，因為它能提振我的精神。』」

還有人說『我一直在研究你說過的話、你寫過關於當舵手的文章。我是你的頭號粉絲喔。』」（你可以在 YouTube 搜尋「Pete Cipollone 1997 HOCR」，就能聽到西博隆納在一九九七年於查爾斯河划船賽時，發號施令的錄音了。我聽了十幾次。不過先提醒你一聲，他有時會說粗話喔。）

把展現熱愛當成習慣

尋找生力軍加入團隊是成立組織的重要環節。遺憾的是，大多數人力資源部門的經理和業務主管在工作方面都缺乏充分的創造力，也顯得興致缺缺。他們最後可能會按照傳統的做法把新人帶進組織，就只是照章行事。

他們執著於求職者的教育背景、服務過的公司、工作多久，以及之前的薪資是多少。他們仔細閱讀履歷表，留意並評估求職者的工作技能。

在面試過程中，面試官會問一些像是「你最大的優點和缺點是什麼？」、「你認為自己五年後會變成什麼樣子？」，結果只會得到令人左右為難、希望渺茫的答案，而且根本沒人想聽這些問題的答案。唉，真是無聊乏味。換下一位！

但西博隆納雇用公司員工的做法很不一樣。他是科技公司InstaViser的創辦人暨執行長，這家公司專門設計能支援社群的網路平台。他對划船運動的熱情使他更適合擔任科技公司的領導者。乍看之下，熱情和領導者是不相干的事，但其實大有關連。

西博隆納喜歡雇用菁英運動員在InstaViser工作，有些人是和他有共同點的奧運選手，有些人已經從比賽的生涯隱退，還有些人正在為體育比賽進行高強度訓練，並在InstaViser做兼職工作。西博隆納相信一個很簡單卻很有效的選才原則：

把展現熱愛當作是種習慣。

西博隆納招聘人才時，很重視的一點就是：理想的員工在被錄用前就有一股熱忱。他們一走進來就熱情洋溢。

圈粉法則

充滿熱情的員工對你、對工作都興致勃勃，而且他們很渴望和別人分享快樂。

西博隆納的招聘做法讓我們了解到：培養熱情的員工有多麼重要。員工熱愛做什麼事不是重點，潛在的員工熱愛自己的生活，並且有自己的愛好才是重點！

從一個人在生活中對某些事物的熱愛，可以看出他對其他事物的興致，不是嗎？心中充滿熱忱的人是理想的職員，因為他們絕對不會隨意找一份自己不感興趣的工作。

西博隆納底下的副總裁梅根．奧列里（Meghan O'Leary）負責市場行銷和顧客服務，他是奧運會槳手。埃拉娜．梅耶爾斯．泰勒（Elana Meyers Taylor）是InstaViser的顧客服務經理，因在二〇一八年冬季奧運會期間出現在康卡斯特集團（Comcast）的廣告中而出名。

她是美國最傑出的長雪橇選手，已經奪下四次世界錦標賽冠軍，目前是奧運會選手。她曾經在二〇一〇年的溫哥華奧運會贏得銅牌，在二〇一四年的索契奧運會與二〇一八年的平昌郡奧運會榮獲銀牌。凱爾．特里斯（Kyle Tress）是該公司的主要開發人員，他曾經是美國奧運會俯式冰橇運動員。

「我們在努力打造一種獨特的企業文化，這種文化與我們的運動經歷很吻合，」西博隆納說，「我們需要的是每天都期待來這裡工作的人！我們錄取的運動員都有三個共同特點：他們都有明確的目標，也都是十分出色的專家、優秀隊友。我們很清楚終點線在哪裡，也知道能幫助我們朝著目標前進的里程碑是什麼。」

他繼續說：「我們希望能善加發揮各自的長才，但也許最重要的一點是：我們待在辦公室時，能激勵周遭的人更進步。這樣就值得了。你可以問我們的顧客對這家公司有什麼想法，他們會跟你說，在他們接觸過的所有公司當中，我們算是數一數二的好公司，因為我們很了解顧客希望實現的目標。」

西博隆納發現雇用精英運動員是很成功的策略。「我一直都相信在早期階段加強高品質的顧客服務，能讓我們很順利地和每一位顧客續約，同時也不斷為我們帶來新的客人，」他說，「顧客會為了專業知識、成效和『沒有意外』而付費。」

其他執行長為職缺尋找適合的人才時，也是希望能找到對事物充滿熱情的人。

或許他們不會用「熱情」這個詞來形容一個人，但他們會希望從面試者身上感受到動力十足的幹勁。

當我聽說不少人參加面試之前，都對應試的公司不感興趣，也不了解相關資訊時，我覺得很驚訝。現在每家公司都有專屬網站介紹公司的背景，也會列出負責人的名字與負責的職務。要判斷求職者是不是適合的人選，只要在面試時看他對公司、公司的市場和歷史沿革的了解有多少，就知道了。

這一點能加快面試的流程，因為理想的求職者會爽快地談論他的工作經歷、個人價值觀，以及他能為這份工作貢獻什麼。求職者愈了解公司和促進積極的面試流程，就愈有機會受到面試官的青睞。在第一階段的面試中，求職者就應該要把握機會，說明自己能為組織的粉絲力帶來什麼優勢。

企業領導者都喜歡細心周到、有潛力代表公司發言的人才。萊恩．卡爾貝克（Ryan Caldbeck）就是個很好的例子，他是金融科技公司 CircleUp 的聯合創辦人暨執行長。這家公司的總部位於舊金山，專門協助處於早期階段的消費品品牌尋找能一起合作的投資人。

創業投資領域很講究人際關係。投資人和公司的高階管理團隊能不能團結起來？員工會如何促進人際互動？這個領域的粉絲圈理念是用有趣的方式加強人際關係。

「我在挑選新隊友或投資人時，最看重『熱情』這個特質，」卡爾貝克說，「雖然沒有科學根據，但我相信熱情是致勝的最重要條件。」卡爾貝克與求職者面談時，會堅守以下三項原則：

1. 求職者有熱忱嗎？
2. 他們了解自己熱中做哪些事嗎？
3. 這種熱情能不能發揮在達成特定目標？

他表示這三項原則都能派上用場，而且只要你堅守這些原則，就不會「看錯人」。「不是只有我這麼想，」他說，「就算不是所有執行長都會像我這樣描述人才的特質，但只要他們發現眼前的求職者有熱忱、清楚自己熱中做什麼事、能將熱情運用在實現公司的目標，他們都會不自覺地喜上眉梢。」

卡爾貝克在創業投資的領域工作時，了解到許多不同公司的經營細節。「我看過一些沒有相關資歷的人被龍頭企業錄取，他們勇闖陌生的產業之後平步青雲，因為他們很清楚地展現自己對公司的興趣，而且他們的興趣也符合公司的需求。」他說道。

CircleUp 能有效錄用合適的人才，而且已經從投資人那裡籌集了將近四億美元，用來提供資金給兩百五十多家公司。

卡爾貝克認為，所有領導者都該了解如何用最有效的方式打造團隊，這樣一來就能協助潛在的新人理解團隊的理念，並使他們的生活過得更愉快。

「找到自己熱中做的事，然後與別人分享自己熱愛的原因，能讓自己迎向成功和幸福的人生，」他說，「隨著時間過去，我漸漸發現自己的愛好其實不是事情本身，例如運動、投資、科技，而是這些我感興趣的事帶給我的影響、讓我有機會和別人建立深厚的交情、給我幫助其他群體的機會，以及給我在世上發揮影響力的機會。」

我們和許多執行長談論本書中的觀點時，他們多半都認同熱情是徵才的基本評估條件。「我在評估求職者時，一定會判斷他們有多想要這份工作，」NimblyWise 公司的執行長邁克・斯威特（Mike Sweet）說道。這家公司的服務對象是學生和畢業生，成立宗旨是幫助他們在知識經濟方面持續學習和取得成就。

他接著說：「他們的熱情能讓我了解：他們之後會不會為了對公司發展有貢獻，而主動吸收新知識。如果他們沒有這樣的衝勁，我就得加倍努力推動公司發展。考量到現代商業變化的速度，獨自承擔公司發展的責任並不是明智的選擇。」

斯威特跟卡爾貝克一樣都發現了成功的模式。

「根據我的經驗，那些對手上的工作充滿好奇心的員工，經常能想出好點子，也比較有潛力，而且他們面對挑戰時，也有比較強的適應力，」斯威特說，「他們全心投入工作後就不會退縮。他們的熱情本身具有感染力，能使顧客和商業合作夥伴歡欣地與 NimblyWise 合作。他們與外界建立人脈後，經常能為公司的產品帶來創新的想法。在不幸的情況下出差錯時，擁有強大的人脈也是一大優勢，因為人脈能讓溝通過程更順利。」

圈粉法則

熱情是一種可以培養出來的習慣。

大多數員工對工作的參與度都不夠積極。他們只是「為五斗米折腰」，每天工作是為了拿薪水回家。缺乏好奇心的員工通常胸無大志，只做基本的分內工作，因此對建造粉絲力沒有幫助。

蓋洛普（Gallup）是一家協助領導者和組織解決危急問題的公司，能提供專業的分析和建議。這家公司的《全球職場環境》（*State of the Global Workplace*）報告指出，只有一五%的全職成年員工積極參與工作，並且對工作、工作場所懷有熱忱。相較之下，美國稍微好一些，但這個數字仍然偏低，只有三三%的員工積極參與工作。

蓋洛普發現參與度高的員工比例偏低，顯示出世界各地在創造高績效文化方面表現不佳。該公司的全球員工參與度資料庫指出：有大量的人才潛力被浪費掉，即排名前四分之一的部門比後四分之一的部門多出一七%生產力和二一%獲利。

NimblyWise在過去五年以匿名的方式與員工參與度軟體工具量子職場（Quantum Workplace）合作，用意是評估公司內部的員工。結果，NimblyWise的數字一直以來都比蓋洛普的數字高。在二〇一七年的調查中，NimblyWise有九七%的員工積極投入工作或適度參與工作，只有三%的員工參與度不高，但沒有做事心不在焉的員工。

事實證明，NimblyWise雇用滿腔熱忱的員工，能提高組織的整體參與度，並且直接影響盈虧狀況。「我們的高水準員工參與度有助於提升顧客滿意度，」斯威特說，「因此我們的顧客續約率持續高過九〇％。」

許多管理成功組織的執行長在招聘員工時，都會秉持這個選才準則：樂於散播熱情的人，最適合擔任品牌代言人。就是這麼簡單。

每位員工都在圈粉

我們目前已經探討了企業為何錄用那些擁有充實生活的人才。許多組織的執行長都了解到，錄取意興盎然的新人比較可能取得卓越的成就。不過，徵才只是企業與員工建立長期關係的第一步。該怎麼做才能讓員工轉變成粉絲呢？

圈粉法則

信任員工並允許員工自行作決定，能使他們對公司產生熱情。

建立組織文化的關鍵在於：重視每個人決定表現自我與貢獻的方式。如果你同意員工自然地表現自我，讓他們用自己認為最有效率的方式工作，他們就更可能樂在工作，然後變成理想的公司擁護者。

這一點對只有幾十名員工的羅馬餐廳而言似乎很容易，但對一家在全球各地有數千名員工的組織而言，可就困難多了。

我們再度訪問 HubSpot 之後獲益良多。HubSpot 是一家專攻行銷、銷售與顧客服務平台的公司，我曾在本書開頭提過這家公司。十多年前，我和 HubSpot 管理團隊那一次重要的會面之後，該公司從少數幾個員工（公司內僅有的十個人都讀過我寫的書！）擴展到兩千多名員工。

就各方面而言，HubSpot 的事業經營得非常成功，平均每年有六萬多名顧客為了 HubSpot 的服務支付大約一萬美元。

為了取得成功，HubSpot 很注重企業文化。《HubSpot 文化規範》（*HubSpot Culture Code*）是有關 HubSpot 經營與理念的內幕，全世界所有人都能在 SlideShare 網站上看到發表的內容，目前已經累計將近四百萬觀看次數。雖然這一百二十八張幻燈片的內容鉅細靡遺，你還是可以參考 HubSpot 把文化規範概述成下列的要點：

1. 文化之於招募新人，猶如產品之於市場行銷。
2. 無論你願不願意，你都得創造一種文化，那為什麼不創造你自己熱愛的文化呢？
3. 為顧客解決問題不單單是為了取悅他們，也是為了幫助他們成功。
4. 想要在現代握有權力，就要大方分享知識，而不是「藏私」。
5. 「讓事實攤在陽光下。」*
6. 你不應該因為少數人犯下的錯誤就懲罰多數人。
7. 結果比過程更重要。
8. 影響力與階級無關。
9. 你要告訴優秀人才前進的大方向，不要指示他們如何到達終點。
10. 「寧為有瑕之玉，莫為無瑕之石。」**
11. 我們寧可屢敗屢戰，也不要不去嘗試。

---

* 國最高法院大法官路易士．布蘭迪斯（Louis Brandeis）在二十世紀初主張的理念，他認為政府應該讓財政流程透明化，杜絕不道德的行為。

** 為孔子的名言，意思是有真才實學的人即便有一些缺點，終究瑕不掩瑜，而平庸的人即便表面上看起來無可挑剔，但終歸是泛泛之輩。

「我們在打造一家員工真正喜歡的公司，」HubSpot 的人力資源總監凱蒂．伯克（Katie Burke）告訴我們：「我們相信員工都很熱愛自己的工作，所以我們盡全力為**員工**創造價值主張，就像我們為顧客所做的一樣出色。」

HubSpot 文化最重要的兩種驅動力是自主權和透明度。「我期望每個在 HubSpot 上班的員工，不是只把目標設定在『成為傑出的工程師或行銷人員』，還要成為『頂尖高手、更優秀的專家和更成功的企業家』，」伯克說，「要達到這種境界，就需要吸收一些平常在工作上接觸不到的資訊。值得驕傲的是，我們的實習生加入團隊後，都可以閱讀到布萊恩和戴米許寫的貼文，了解這兩位共同創辦人對商業策略的想法。這樣的學習方式非常有效。」

不過，有些高階主管已經習慣傳統階級制度、上行下效的管理風格，因此他們有時很難接受這種公開透明的做法。「即使你當下覺得不方便，還是得對外公開，」伯克說，「不管有多難做到，你也不能有祕密。這是每個人都要互相承擔的責任。」

HubSpot 的文化有一項不限休假天數的政策，實在很特別。不管天數有多長，只要員工有需要就可以自行放假。有哪家公司會這樣做？

「我們的員工有時工作時間很長，」伯克說，「我們雇用的都是優秀人才，自主權也是我們秉持的原則之一，所以何必要求員工填寫請假單呢？他們都是成年人了，請假手續根本沒有意義。我們的共同創辦人都很排斥荒謬的方針，他們的做事原則已經融入了公司文化。

我們讓員工主導自己的生活和職涯，長期的目標是看見他們在生活圈中成就大業，而不是本末倒置。」

後來 HubSpot 證明這樣做很值得。HubSpot 被員工票選為二〇一八年十大最佳職場環境之一，贏得發展快速的大型求職網站 Glassdoor 所發布的大型公司類別的員工首選獎（Employees' Choice Award）。

這個獎項是根據員工在 Glassdoor 網站留下的評價和回饋，選出最佳工作場所和企業文化。其他被評選為最佳職場環境的公司還包括臉書、Google 和網飛。上榜消息公布期間，有關 HubSpot 的員工評論有五百七十四則，整體評分為四・七分（滿分是五分）。

全球公司的現任或前任員工，都可以在 Glassdoor 寫下企業評價，分享他們對工作環境的看法。網站上的評論能讓求職者了解特定工作和該公司的內部情況。在考慮要不要到 HubSpot 工作的人，可以仔細閱讀這些評論，許多潛在的顧客和投資人也會參考這些評論。

以下是 HubSpot 員工在 Glassdoor 網站寫的公司評價：

> 我整天都和一群優秀、愛思考、有抱負的人相處在一起。公司很歡迎也很鼓勵基層員工互相合作，並發表看法。我一直都能感受到 HubSpot 真誠地重視和尋求我的想法。我每天都面臨著學習新技能的挑戰，且持續與公司一起成長。

——顧客服務團隊的員工

剛開始在HubSpot工作時，我的銷售經驗不多，但我很喜歡集客式行銷，並且很渴望盡全力貢獻。我把日常工作做得很好，也承擔了一些新的挑戰，沒有同事潑我冷水或叫我放慢速度。他們反而教我更多東西，還督促我要持續進步。

大約過了五年，我目前在業務部門擔任重要領導職位，已經把自己的職業生涯提升到以前想都不敢想的層次。我超愛HubSpot。隨著公司的規模擴大，新創文化日益興盛。我每天都有機會從出眾的人身上學習、接受他們的挑戰。

——業務團隊的員工

公司的文化令人讚嘆，除了福利超好（現場咖啡師、健身房、免費零食、不限有薪假期天數等）之外，很多人喜歡留在這裡工作的原因還包括：同事很優秀、制度很透明、公司重視員工和團隊合作、公司提供員工所需的職涯資源。我待過好幾家公司，但沒有一家公司像HubSpot這麼看重我這個人和我的貢獻。

——匿名員工

根據這些評論以及其他類似的數百則評論，HubSpot 顯然已經在員工當中創造了粉絲力，他們都很樂意和世界各國的人分享自己的熱情。

「當其他公司的執行長問我有關 Glassdoor 評分的問題時，他們都搞錯重點了，」伯克說，「他們只想知道我們的評分是怎麼來的。他們懷疑我們說服員工上網寫好評。我跟他們說，要把員工體驗當成一種產品，排名只是反映我們現在所做之事的落後指標，不是領先指標。所以，如果有人只在意排名和評論，那就搞錯重點了。」

他接著說：「一整天下來，我滿腦子想的都是我們該如何創新，才能滿足員工對我們的期望。我們要怎麼回應員工的回饋意見？我們該怎麼確保每年都能提升到新的層次？我們得獎的隔天早上，我就在思考隔年打算做什麼？不管要創造什麼優良產品，自滿都是最大的敵人。」

HubSpot 的熱情員工寫下的好評描述了他們在這家公司工作的感受，因此讓公司榮獲獎項。那麼，這些「粉絲」是如何使公司財運亨通的呢？粉絲力又是怎麼形成的呢？

「我們的文化規範有一部分是為顧客解決問題，而且我們都知道這一點很重要，」伯克說，「如果你不太在乎顧客，或不想多花時間了解顧客，那麼你大概不會願意加入 HubSpot。如果你願意加入 HubSpot，就會發現產品團隊非常關心顧客回饋的意見，並且花很多時間聆聽顧客和合作夥伴的想法，了解哪些做法有效、哪些做法不起作用。也許你會希望按照自己的方式解決問題。我們公司就有獨立自主的小型產品團隊，他們能夠靈活地作出決定，經常為顧客解決各種問題。」

當多數人預期會遇到糟糕的顧客服務、積極的銷售手法時，HubSpot 的員工則是努力研究最適合顧客的方案，而不是設法盡快從顧客身上撈錢，或幫公司省錢。「我們的顧客支援單位有充分的自主權，能幫助顧客解決需要處理的實際問題，絕不會試圖拖延顧客的問題，導致顧客錯過實際解決需求的辦法。」伯克說道。

HubSpot 每年舉辦的 INBOUND 會議都吸引了上萬名世界各地的粉絲，來波士頓學習更多有效行銷、銷售和顧客支援策略的方法。但絕大多數的人是專程來與 HubSpot 的工作人員交流，以及與忠實的客戶見面。蜜雪兒・歐巴馬（Michelle Obama）、約翰・希南（John Cena）、賽斯・高汀（Seth Godin）、布芮尼・布朗（Brené Brown）和瑪莎・史都華（Martha Stewart）等演講者，都曾經在這個年度會議發表主題演講。會議為期一週，特色是有將近三百場分組討論活動。

參加會議的人獲益良多，他們投入一週左右的時間開心地買門票、搭飛機和安排住宿飯店。他們表示有機會和 HubSpot 的員工交流很值回票價。

「我發現那些和 HubSpot 員工交談過的人，都對我們的產品更感興趣，也很踴躍參加 HubSpot 用戶小組會議以及 INBOUND 年度大會，」伯克說，「可見我們的做法有效。有好多人告訴我們為何那麼看好我們，其中一個原因是我們的員工。他們在銷售流程中發現：我們的專業人士能提供不少諮詢幫助。在我待過的軟體公司中，從來沒有遇過像在 HubSpot 聽到有人說：『我非常欣賞和我接洽的業務代表，我希望能跟他們保持聯絡。』這讓我們感到很光榮。」

我前面提過的彼得．西博隆納，他是二〇〇四年美國男子八人划船隊創下世界紀錄的雅典奧運會金牌舵手，目前是 InstaViser 的執行長。身為運動員和執行長，西博隆納是一位善於提升團隊士氣的領導者。在一九九七年的那場查爾斯河划船賽，他的團隊打破了賽程記錄，最後決戰時刻的錄音內容如下：

大家聽著，我們還有三百五十公尺要划，現在拉槳。
兩腿伸直，兩腿伸直。
全力拉槳，上半身坐直，上半身坐直。
過兩分鐘後再重複一遍。
很接近了，準備好！
身體坐正。
現在增加力道！

兩百五十公尺，只剩兩百五十公尺了，繼續加油！

握柄向前推。

握柄向前推。

握柄向前推。

剩下二十槳了，現在衝刺！

直腿划！

直腿划！

直腿划！

直腿划！

很好，加油！

（終點線區域響起歡呼聲）現在！

握柄向前推。

握柄向前推。

握柄向前推。

蹬腿出力，最後五槳，加油！

一。

二。
三。
四。
辦到了！
幹得好，繼續划。

Part 3

粉絲力的樂趣，
圈外無法理解的境界

第 13 章

為人生帶來活力，創造不凡成果

——玲子

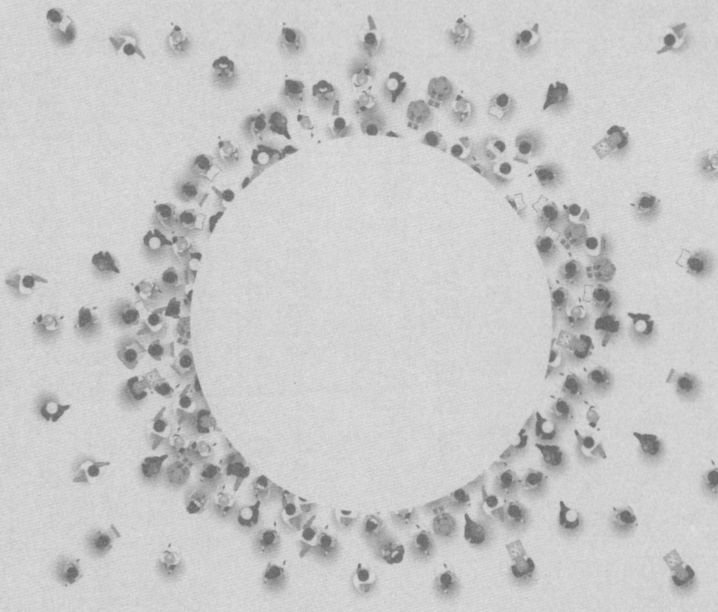

早上六點時，我們三個人擠在紐約市一家旅舍的小房間。黑色短裙、網布拼接上衣、捲髮棒和首飾散落在兩張單人床上。我們擠在一面鏡子前，輪流幫彼此化妝。我閉上眼睛，朋友在我的眼皮和臉頰上畫出黑色條紋。我不禁皺起鼻子，因為臉部皮膚上的塗料讓我覺得很不習慣。

「克萊兒，我看起來怎麼樣？」我問她，而且忍不住想用手碰臉上乾掉的塗料。克萊兒轉頭看了一下我，她臉上畫著很適合她的深色條紋妝容，襯托出閃閃發亮的眼神。

「很好看，」她回答，然後把我的手從臉龐拍開。「不要再碰了，不然妳會把妝弄髒的。」

我放下手臂，露出塗著口紅的笑容。「妳要多提醒我幾次喔。」我說。

我拿出手機時，透過鏡面的反射瞄了一下自己，我彷彿看到奇隆．吉倫（Kieron Gillen）和傑米．麥克爾維（Jamie McKelvie）創作的《罪魁與聖賢》（*The Wicked + The Divine*）系列漫畫中的圖畫。

克萊兒成功地描繪出我想呈現的角色從鼻子到髮際線特有的清晰輪廓。我試著做出陰沉的表情，真的很像漫畫裡的人物表情耶。我都快認不出原本的自己了。這真是天大的變化。

「自戀夠了沒？」我的另一個朋友珍妮說：「快來幫我穿上束身衣吧。」

珍妮、克萊兒和我在書籍、漫畫方面的品味雷同。我們經常互相推薦好書，或互相借書來看，然後我們會邊吃晚餐邊討論書的內容。《罪魁與聖賢》是我們三個人互相借閱過的系列漫畫，我們很喜歡漫畫中的唯美藝術風格，以及有關古代眾神轉世、在當代以流行歌手身分聞名的豐富情節。

那一天，我們裝扮的角色是凱爾特女戰神摩莉甘（The Morrigan），她有三種變身形態。我們分別扮演不同形態：克萊兒扮演馬夏（Macha：黑色頭髮、黑色衣服；情緒最穩定的形態）、珍妮扮演溫柔的安妮（Gentle Annie：禿頭、善良；異想天開的形態）、我扮演芭德布（Badb：火紅色的蓬亂頭髮；憤怒形態）。

我們調整肩上的黑色羽毛、梳理頭髮後，三個人靠在一起看起來很嚇人：我們手臂上有許多精心繪製的鳥兒向上飛繞著、身上穿著女巫般的黑色洋裝，而我的頭髮藏在一頂鮮紅色假髮下面，假髮垂在後背一直延伸到臀部。

我們離開房間要搭優步時，時間還很早，街上還沒有很多觀光客或購物者。不過在車子開過來接我們之前，我們還是吸引了一些好奇的目光。

我們坐上後座之後，司機一臉驚訝地看著我們。

「化妝舞會嗎？」他問。

化妝舞會？我才不會為了化妝舞會提前花幾個月的時間規劃，而且化妝舞會也不需要我從醫學院的繁忙課表當中，硬擠出時間到另一個城市旅行。

「動漫展。」珍妮告訴司機。

加入粉絲圈的驕傲

這是我連續第五年參加賈維茨中心的紐約市動漫展。幾年前，我在同樣的動漫展上見到創作者恩格茲．烏卡祖，以及其他我欣賞的作家、藝術家和演員。這幾個月以來，我一直很期待這場動漫展，不管是我坐在教室裡或長時間工作時，我都會想起十月初的這個週末。

珍妮、克萊兒和我之前在紐約市一起上大學，畢業之後也都搬到了波士頓。我們一直保持聯繫，而且我們對書籍和漫畫的品味相似，使彼此之間的關係比在學校時還要親密。不過，我們對紐約市和當地的社群依然存有懷舊之情，我們每年都會回到紐約市參加動漫展。

我們離賈維茨中心愈來愈近了，人行道上擠滿了人，放眼望去盡是顏色鮮豔的戲服。我們在來自全國各地將近二十萬名參展者當中，只不過是來參與角色扮演、專題座談會、創作者的見面會活動，以及認識其他粉絲的區區三個人。

「祝妳們好運。」司機送我們下車時說道。

「我很需要。」我一邊拉著身後的長裙一邊喊著，好不容易才爬出車外，心想我今天多麼需要「不會被長裙絆倒」的好運氣。

司機開走後，我回想起自己和朋友為這場動漫展花費幾個月規劃的過程，而且我們樂此不疲。雖然我們那天早上花了好幾個小時打扮，其實我們早在搭公車到這座城市之前，就開始認真準備了：我們互傳布料和縫紉技巧的連結，一有進展也會拍照做紀錄。

可是，當我們走進熙熙攘攘的參展者中時，我卻覺得很不自在，開始擔心我們的服裝搭配得不夠好、別人認不出我們扮演的角色、我喝水時會把妝容弄花。我們見到《罪魁與聖賢》的創作者時，我該說些什麼話？他們會跟我們說什麼？我是不是把寶貴的時間浪費在一廂情願的想法了？

我們瞬間就淹沒在人群中，周遭有六英尺（約一．八公尺）長的泡棉劍、尖尖的帽子和閃閃發亮的盔甲。「我很喜歡你的斗篷。你是怎麼做的？」我無意間聽到左邊的人說。「你看到今天 Image* 要發的贈品了嗎？」另一個人說。「我要先去黑馬漫畫的攤位，以免海報發完了。」還有人說。

我環視了一下大家的服裝，有些是我一眼就能認出來的角色，因為我很喜歡那些角色的作品，但也有些角色是我沒看過的。沒有人喊出我們的角色名字，不過有好多人轉身向路過

＊ 於一九二二年成立的美國第三大漫畫出版商。

的洛基（Loki）、柯拉（Korra）和薩爾達（Zelda）揮手致意。

我和朋友走向賈維茨中心低樓層的「藝術家專區」（Artist Alley）時，我非常緊張，因為《罪魁與聖賢》的兩位創作者都在那裡。我們手裡捧著漫畫書，排隊等著他們簽名。直到我們站在他們前面時，我們還沒有開口說話，他們就熱烈地鼓掌並笑著說：「太酷了！」

而且我們還沒有開口請求合照，他們就要一張我們的照片。

「我要把這張照片發布到Instagram，」傑米．麥克爾維高興地說，「妳們的服裝好酷喔！」

我咧嘴笑了。我從來沒有想過這兩位創造者會像我們見到他們一樣興奮。就在那一刻，我想起自己這麼喜歡動漫展的原因了。我彷彿又回到了青少年時期，表現得既急切、瘋狂又招搖。我們的熱情受到了歡迎。原來，是我忘記了愛為我們欣賞的藝術帶來活力。我們的興奮之情具有感染力。

在紐約市的那個週六早上，我並沒有浪費時間。我和朋友度過人生中的美好時光，我也和自己欣賞的創作者產生了互動。

創造彼此聯繫的通用語言

你有沒有注意到，如果不花時間和朋友面對面交談，就會很容易花很長的時間上網？有多少人哄騙自己：在推特關注親朋好友的最新動態，就等同於和他們打聲招呼了？跟朋友一起喝咖啡和在臉書上留言，這兩件事帶來的感受真的差不多嗎？你上一次說「我聽說保羅結婚了」，但其實沒有任何人親口告訴你這個消息，你只是在 Instagram 看到保羅在哥斯大黎加度蜜月的照片？

許多人已經很習慣用傳訊息的方式維繫膚淺的友誼，早已忘了當初是什麼原因讓自己和朋友湊在一起。他們反而陷入更嚴重的孤寂感，因為依賴社群媒體平台，只會形成虛擬的替代性人際關係。與朋友的交流方式變成傳訊息，可能會使人動不動就查看朋友是否回覆訊息了，感覺上似乎缺少了什麼。

你聯繫老朋友時，難道不想從容不迫地和對方好好聊一聊嗎？假設有人擔心自己顯得不夠「專業」，難道他就無法聊其他比膚淺的辦公室閒聊更有意義的話題嗎？你從什麼時候開始為了維持專業的形象而放棄做自己？

與其兩個人絞盡腦汁也想不出互相打招呼的理由，還不如約定每週一起觀看喜歡的情境喜劇。當同事之間發覺到他們都支持同一個足球隊，或發現彼此幫不同足球隊打氣後，互傳一些開玩笑的訊息，這時候可能才是建立真誠關係的第一步。

你可以用自己的方式向世界傳達：「這就是我的風格。這些就是我熱愛的事物。請和我歡聚一堂吧。」

圈粉法則

建立粉絲圈的第一步是創造彼此聯繫的通用語言。

很多人都擔心全心投入自己喜愛的活動，會影響別人對自己的看法。但這種想法會在無意間使人失去準確的判斷力，接著變成「活在自己的世界」的粉絲，例如整天躲在地下室的遊戲玩家、瘋狂尖叫的運動迷。

有些人認為加入粉絲圈是逃避現實、幼稚或浪費時間的行為，不是「專業人士」會做的事。有很長的一段時間，我也很猶豫要不要和別人分享自己喜歡的事物，因為我很在意別人對我的看法。

我和朋友努力鼓起勇氣把自己裝扮成摩莉甘。當我們這麼做時，我們發現自己並沒有因此產生另一種人格。反而因此看到了一部分的自我，而且這個部分是無法透過其他方式展現出來的。

對我來說，這麼做能讓我展現真實的一面，比我在網路上發布一些「修飾過」的自己更真實。我變得更喜歡自己了，而且我覺得我能喚起別人心中的熱情。傑米．麥克爾維看得出來我們為角色扮演投入不少心力，所以他迫不及待想在社群媒體和粉絲分享他的喜悅。我們真誠流露的熱情並沒有遭到忽視。

或許更重要的是，雖然我之前玩過角色扮演，不過這次是我第一次組成角色扮演的小團體。我和朋友共享的粉絲圈，使我們聯繫在一起，就如同我們對身為粉絲的喜好，使我們和其他裝扮成心儀角色的參展者聚在一起。

這些事情促成了粉絲力的通用語言。你會因此更了解自己的個體身分，以及做為群體的一部分。

難道你不想和朋友、同事或顧客分享你的喜好嗎？你不希望和一起工作或合作的對象互相了解彼此的興趣嗎？人們投入時間和精力到一項很正面的活動，或非常感興趣的事後，難道不想找人分享經歷的過程嗎？這些不也是你的願望嗎？

如果你把內心深愛、全心投入的部分藏起來，也就是熱情的火花，那就沒有人會看見你最真實的一面。換句話說，當一個人忘我地悠遊在自己喜歡的粉絲圈裡，熱情的火花就會在內心點燃，並且散播給其他人。

粉絲圈並不是滿足願望或逃避現實的慰藉，也不是純粹為了工作與生活之間的平衡或放鬆的盲目活動。粉絲圈其實是一種能解決愈來愈多人面臨的根本問題：孤獨。許多積極參與活動、生活充實的人都會加入感興趣的粉絲圈，使自己的生活更豐富。你會發現他們笑口常開、懂得自嘲、凡事看得開，也能自得其樂。

圈粉法則

人生勝利組很清楚知道，要點燃別人心中的火花之前，得先點燃自己的火花。

我們採訪了數百名粉絲，包括滑雪、鐵人三項、編織、繪畫、佛朗明哥吉他、無伴奏合唱、老爺車、露營車等各種事物的愛好者。我們發現，把個人愛好融入私生活的人，比較能以不同視角看待世界。他們透過粉絲圈表達自己的想法，過著「做真實的自己」的生活。

他們可以從興趣相投的人身上獲得能量、新點子和穩固關係。反之，他們也能從粉絲圈學習到寶貴的課題，而且這些課題不一定在其他圈子裡學得來，例如幽默感、同理心或創造力。

粉絲力不只適用在客戶或企業，也能反映出一個人重視自己的心境。本書後面會有一名年輕的考古學家轉型為女商人，接著變成演唱會的常客，然後又轉型為行動主義分子的故事，因此我們能從故事中了解到：經由熱愛的事物來重新定義自己的身分認同，在吸引他人支持我們的志業方面相當重要。

產生共鳴的音樂，是熱情和靈感的來源

音樂是一般人在成長過程中學習表達自我的方式。一開始，我們聽的是父母播放的音樂，接著聽收音機或電視上的歌曲，或尋找能產生共鳴的音樂家和音樂風格。因此，當我們聽到一首熟悉的歌曲時，能感受到一股強烈的懷舊感情，把自己和當時聽到這首歌曲相關的時間、地點或人的回憶串連在一起。

胡安尼托・帕斯庫爾（Juanito Pascual）是佛朗明哥的吉他手、作曲家和巡迴音樂家，他對此有深刻的體會。他在十二歲正值一般人建立人格同一性*的年紀時，開始上正規的吉

他課，也在這個階段開始聽一些感興趣的樂團音樂，並將自己欣賞的音樂特色融入職業生涯。不久他就領悟到，如果他要和聽眾建立良好關係，就得在聽眾身上多下功夫。

「我二十歲出頭時，就發現自己喜愛的粉絲圈範圍很廣，但也很具體，涵蓋感恩至死搖滾音樂、佛朗明哥音樂、爵士樂和拉丁音樂，」帕斯庫爾說，「但當我展現其中一種音樂風格時，其他音樂風格的粉絲圈就不會注意到我，好比說我演奏佛朗明哥音樂時，感恩至死搖滾樂團的粉絲多半都不會產生共鳴。」

身為樂迷，帕斯庫爾很清楚自己喜好的粉絲圈範圍會怎麼影響音樂作品。雖然他主要的音樂風格是佛朗明哥音樂，但他發現自己在舞台上與國際聽眾交流的重中之重是：他讓音樂作品跨越風格界限的能力，也就是說，他能把欣賞的音樂風格融入表演，而他的靈感來源就是他從小聽的那些音樂，當時他在摸索吉他手的身分認同。

舉例來說，他在表演中拿起吉他演奏吉米・亨德里克斯（Jimi Hendrix）的佛朗明哥風格翻奏版本後，有些平時沒注意到他的樂迷就會被他的曲風吸引。當他在舞台上即興表演一些很少出現在佛朗明哥表演文化中的曲子時，他其實是向小時候聽的爵士樂和即興樂團**致敬。

當他奏出披頭四樂團的〈當我的吉他輕輕地哭泣〉（*While My Guitar Gently Weeps*）前幾句，觀眾開始鼓掌時，其實就代表他們產生了共鳴。「此時他們能感受到我和他們屬於同一個圈子，」帕斯庫爾描述自己如何同時以樂迷和藝人的身分，積極參與音樂社群，「如果圈內的粉絲能理解我這位佛朗明哥音樂家創作的用意，或許他們就能體會到情感上的共鳴，進而欣賞我的作品。」

包括佛朗明哥音樂家在內的許多音樂家，都能產生不同的影響力，不過沒有人像帕斯庫爾那樣，有這麼獨特的曲風，因為他把自己小時候聽到的音樂和啟發他創作的音樂靈感結合在一起。他對其他音樂風格的熱情，使他創作出更出色的樂曲，也讓他能用獨特的方式發揮創造力。他的音樂作品反映出他的人生故事，而他分享音樂的方式也拉近了他與聽眾之間的距離。

你呢？我猜，讀到這篇文章的人，幾乎都已經過了十二歲，不過可能都還沒有加入自己感興趣的粉絲圈。也許你只是還沒遇到特別喜歡的事物，這不代表粉絲圈不適合你。雖然很多人都在青春期找到了適合終生的粉絲圈，但也有很多人是在年紀稍長、甚至到了退休年齡時，才找到適合自己的愛好。

或許你只是還沒有找到能引起你的興趣的活動。也可能是你還沒發現自己的技能、嗜好

＊ 無論是過去或現在，一個人所具備的人格維持不變，依然是同一個人。

＊＊ 以即興表演為特色的爵士樂團，常見的演奏法是：把獨奏樂手當作樂團的演奏焦點。

或迷上的事物，而它們以後可能會變成你生活中的重心。或者，你從來沒有把自己當成粉絲，也不知道有人也跟你一樣沉迷同樣的事物。

圈粉法則

青春期不是你尋找粉絲圈的旅程終點，而是這趟旅程的開端。

很多時候，你需要的只是：重新找回自己從小就很嚮往的興趣。你可以回想一下，什麼話題是你在十幾歲時，就能滔滔不絕地說個不停，連父母都阻擋不了你？或者，你為了買什麼東西，而積極把暑期打工賺來的錢存下來？有沒有辦法能讓你重新體會當時的興奮感呢？你能不能在現階段的生活中，找到帶給你同樣快樂的興趣？你該怎麼做才能接觸到那些和你有共同興趣的人？什麼原因使你想要等到「有空」時再行動呢？

無論你在人生的哪個階段發展粉絲圈，或者你目前還在尋找符合心意的粉絲圈，其實都有很多方法能幫助你建立積極參與活動的身分認同。你可以重拾以前喜歡從事的活動，把那項活動變成自己的職業。也可以培養一種能讓你熱情持續增溫的嗜好。有無數種方法都能把我們的熱情帶進生活當中，使我們對自己做的事情更有成就感、更滿意。

把身分認同和工作結合，更樂在其中

我最近和珍妮聊天，就是我之前提過一起在動漫展扮演摩莉甘的朋友。我們這次不是約在擁擠的會議中心見面，而是約在我家的用餐區。我們穿著休閒毛衣和牛仔褲啜飲葡萄酒，不像上次那樣穿著束身衣，臉上也沒有塗著顏料。

珍妮目前在一家大型出版社擔任副主編，這家出版社出版的圖書主題很廣，涵蓋小說、回憶錄和圖鑑。珍妮在公司裡負責詩集的編務工作，她能協助作者把作品推廣到國際舞台，以及挖掘更多有潛力的詩人，讓他們發表作品。對珍妮而言，她的職業生涯和她對書籍的熱愛息息相關。

「在出版業，編輯可以說是作者的頭號粉絲，」珍妮說明她如何運用自己對作者的興趣來衡量作品在市場上的銷售表現，並轉化為自己的工作動力，「我們有時會形容編輯是『啦啦隊的隊長』或『捍衛者』。我知道這聽起來很庸俗，但形容得很貼切。編輯就像參賽選手，能讓公司裡的每個人都興奮起來。此時就能看出這本書在公司以外的地方，有沒有機會做宣傳。假如大家的普遍反應都很雀躍，編輯就會心想『**哦，我手上的書應該會暢銷。**』」

珍妮從小就陶醉在文學的世界中，她對書籍的熱愛引導她踏上了出版業的生涯之路。喜歡閱讀好書的簡單舉動，使她能勝任目前的職位。長年下來，她借助自己打造的身分認同來獲得謀生的優勢。

每次她談到喜歡的故事時，我都能看出來她的熱情燃起她工作的動力，而工作的內容也激發了她的熱情。她付出的精力和獲得的能量，正是她能在出版業待下去的祕訣。

把工作和熱情結合在一起，只是加深珍妮在兒時就已點燃的閱讀之愛。她在工作時讀到的書籍，也影響了她想在家裡看的書籍類型。「因為工作的緣故，我迷上了圖像小說。我在進行採訪的作業時，看到上司在研究艾莉森．貝克德爾（Alison Bechdel）的作品，於是我也查了一下她的相關作品。結果我很喜歡她的作品，然後漸漸就著迷了。我開始看一些以前沒讀過的圖像小說和漫畫，我從來都沒有想過自己會這麼喜歡這些作品。」

她在空閒時間涉獵的內容，也讓她開始思考打入市場的可能性。她說：「我開始看韓劇之後，試著從工作的角度思考市場的問題。韓劇十分受歡迎，很多美國人都超愛看韓劇的。一定有什麼素材是我們可以在文學領域好好發揮的。」

即使粉絲圈裡的成員普遍年紀大一些，她還是不斷尋找能激發熱情的新素材。藉著發想新點子，她不但在自己的專業領域逐漸茁壯，也樂在其中。

圈粉法則

潛心鑽研工作的人，就是該職位的最佳人選。

「在出版業，幾乎每個人都對故事背後的遠大理念很著迷，」她笑著說，「這就是業界的粉絲圈特色，講白一點就是：有一大堆電影迷和我們這些啃書蟲。」

我笑了起來，我覺得很有道理。「啃書蟲」聽起來真貼切。

身為一名編輯，她依靠會自己的能力去判斷什麼樣的文學作品會熱賣，並憑著她對作品的深刻感受程度來鑑定品味。她樂於和人分享對好書愛不釋手的感受，因此能同時扮演粉絲和優秀編輯的角色。「我從自己喜歡的事中得到許多樂趣，不過我隨時都歡迎意想不到的新發現，」她說，「我隨時都會作好心理準備加入新的粉絲圈，然後善用粉絲圈裡的資源拉攏別人加入圈子。這不就是每個人都想實現的願望嗎？擴大粉絲圈？」

她的動力就是熱情，這股熱情也是當初吸引我和她成為朋友的原因。每次她推薦我閱讀新的故事後，我們會在每人準備一道菜的聚餐時間討論故事內容，我很認真地聽她說的一字一句，而且我看得出來她不是純粹被動地喜歡故事，而是全神貫注地投入自己的興趣，因為這麼做能滿足她的需求，並且創造出她期待的成果。

把身分認同和職業生涯結合在一起的最簡單方法，就是讓兩者合而為一。當你能把自己的精力傾注到你喜愛的粉絲圈當中，你終究能使粉絲圈變成一個更適合身邊每個人加入的圈子，讓他們都能在工作和家庭中受益。

嗜好開創出的職涯和成就感

並不是所有人的興趣和加入的粉絲圈都像珍妮那樣，從童年開始就沒變過。有些人會在尋找興趣的旅途上痴迷一會兒，再繼續前進，或在之後的人生階段才培養出新的嗜好。這不表示我們無法從過去的經驗中學到東西。當我們一心一意投入某個主題時，這趟旅程往往能讓我們知道下一步要往哪裡去，這樣一來，我們才知道在哪裡能充分發揮自己的熱情。

這就是某位發現恐龍的女孩長大之後領悟到的道理。她的名字叫英迪亞．伍德（India Wood），她在十二歲的時候就發現了史上最完整的異特龍（Allosaurus）骨頭，不過她長大後並沒有成為古生物學家。她成立了哈特商業研究公司（Hart Business Research），專門分析各種創意市場，包括刺繡藝術、編織、繪畫、素描和雕塑。

「我當時十二歲，我、姊姊和一位牧場工一起去尋找化石，」伍德講述一九七〇年代晚期，她在科羅拉多州農村度過的童年，「他們走得比我還要快，結果我落單了。後來我發現山上有一小塊骨頭露出來，於是我就開始挖土。大概一、兩個小時過後，姊姊和牧場工出現了，他們過來幫我挖土。

我那時候只是覺得很好玩，完全不知道自己找到的是一小塊骨頭，還是一整隻恐龍的骨頭。直到我挖到骨頭之後，我覺得很像在玩吃角子老虎機。因為當我發現那一小塊骨頭時，就好像獲得了一分錢的獎勵。而我繼續挖到更大塊的骨頭，就彷彿是機台發出噹啷聲，給了我二十五分硬幣。然後我使勁挖進山的深處，竟然發現了一整個骨架。哇，機台給了我一千美元耶！」

伍德發現第一塊骨頭時，只有十二歲，雖然她很崇拜查爾斯．達爾文（Charles Darwin）和一些女科學家，但她在《國家地理》雜誌上看過的少數幾張恐龍獵人照片，都是一些受過訓練、配備著專業工具的成年人。她的身高不到五英尺（約一百五十二公分），體重也只有七十五磅（約三十四公斤），她使用的挖土工具是老舊的鎚子和螺絲起子，看起來一點也不專業。

她的行動力來自於發現骨頭的刺激感、渴望找到更多骨頭的執著念頭，以及她最後實現目標的成就感。在長達三年的過程中，她一次又一次地回到同一個地點，陸陸續續發現了許多化石。

她把幾十塊骨頭藏在床底下，或臥室裡的衣櫥。她也會利用不在野外的時間研讀古生物學。她從國中老師那裡借了一本書，看到書上描述到她發現的一部分異特龍骨盆，那是一億五千萬年前的骨頭耶。

「這也是我逃避家庭問題的方式，」伍德開玩笑說恐龍比父母花更多時間養育她，「我很開心能沉迷在荒野中的這種恐龍世界，那彷彿是一個巨大的避難所。找到異特龍使我的生活有了特定的目標。」

最後，她母親受不了她的臥室到處都是異特龍的骨頭，伍德只好帶著部分骨頭到丹佛自然科學博物館（Denver Museum of Nature & Science）鑑定真偽。博物館裡的古生物學家很快就告訴她，她確實帶來了異特龍的骨頭，這是驚人的新發現。

後來，博物館決定聘用年輕尚輕的伍德，讓她和專業的古生物學家一起工作，他們花了一年的時間，完成史上最齊全的異特龍挖掘任務。伍德親暱地稱呼異特龍為「愛麗絲」，他們一起出現在電視、廣播、雜誌和報紙上。此後，每年有一百七十萬人參觀丹佛自然科學博物館。而英迪亞．伍德也被譽為「發現恐龍的女孩」。

不過，許多人都很驚訝這位發現恐龍的女孩已經離開考古學領域了，她成年之後，選擇了一條截然不同的職涯之路。伍德從童年時期得到的收穫並不是激起熱情的物體，而是她領悟到熱情本身運作的奧妙：使人著迷並且義無反顧地追求更多，猶如她當初想挖到更多恐龍骨頭的行動力。

於是她創立哈特商業研究，鑽研這個核心問題：「什麼樣的動機會使人愛上自己創作的藝術？」在國家藝術協會（National Arts Association）的贊助下，伍德的公司對數萬名藝術家進行調查，以探討他們產生熱情的細節，例如：他們在編織時會產生什麼樣的情緒？他們為什麼決定購買某個品牌的顏料？這些資料可以幫助獨立零售商和家族企業了解與顧客交流的有效方法，讓他們在面對亞馬遜或好市多等對手時，更具競爭力。

伍德談到調查結果時表示：「簡單來說，有創造力的人都喜歡創新，因為他們會因此感到快樂、放鬆和有成就感。」這一點適用於所有人，無論是在創意產業或在其他產業工作的人都一樣。

「我最後能挖出異特龍是因為這樣做讓我覺得有成就感。我在大自然中找到快樂，」伍德說，「我對創意產業的研究也很感興趣，因為這讓我很有成就感。」

當她在做自己喜愛的事時，她感受到的喜悅促使她繼續努力，如同她以前在床下堆積恐龍骨頭，也因此激勵她創辦了一家公司，專門研究人在什麼情況下會產生這種感受。她透過蒐集資料，幫助了許多小型企業成功生存下來。

從他人的愛好感受純粹的歡樂

粉絲圈可說是各種愛好的培訓中心，不但能為粉絲指引職涯發展的方向，就像對英迪亞·伍德產生的影響那樣，而且粉絲從工作之餘的活動中持續培養的興趣，可以當作一種快樂和靈感的長期來源，多多少少都會滲透到職業生涯。一個人對工作以外的事物投入精神，可以轉化為對公司的貢獻，即使專業領域完全不同，也能起作用。

瑞貝卡·科里絲（Rebecca Corliss）對此有深刻的體會。她是貓頭鷹實驗室（Owl Labs）的行銷副總裁。這家新創公司開發一種全新的視訊會議技術，使遠端的工作人員能更有效地參與公司的會議，無論他們身在何處。

科里絲熱中做什麼事呢？無伴奏合唱。她說：「我以前都跟別人說，我上大學主要是為了加入無伴奏合唱樂團，上課只是次要的活動。這對我來說具有身分認同的深層意義。」

她從小就喜歡唱歌，一直到大學時期、畢業後進入職場，也不曾放棄唱歌。她後來組了兩個無伴奏合唱的樂團，自稱是「無伴奏合唱創業家」。從她大學二年級到現在三十多歲，一直都待在無伴奏合唱樂團，經常參加比賽、演奏會和音樂錄製。

科里絲笑著繼續說：「每個人都一樣，除非真的很喜歡做某件事，否則不可能到達渾然忘我的境界。我不敢想像一個沒有歌聲的世界。如果我不唱歌，我的人生就不完整，我也開心不起來了。但只要我心情好，我就可以做更多事，而且我做的每件事都會產生更好的效果。」

科里絲發現與她共事過的每位成功人士都有這種體悟，所以她在招聘人才時，很重視求職者在工作以外的生活中，有沒有熱愛參與的活動。例如，她和求職者面談時，經常會問以下問題：「假設你走進一間體育館，看到座位上有兩千個隨機找來的觀眾，你能自信地說你比一般人更擅長做什麼事嗎？」

這個問題的答案各不相同，但她最感興趣的不是求職者擅長做的事，而是她希望有機會用很自然的方式，引導求職者說出自己對什麼事很入迷。有人回答魔術方塊：這名求職者開心地談到他怎麼學會在四十五秒內解出任何組合。「你會發現這些人都很有精神，」科里絲說，「真的很神奇。這也代表求職者從面試中得到了啟發。每個人在精神抖擻時，都能創造出驚人的成果。」

「我會竭盡全力讓無伴奏合唱樂團大放異彩。我工作時也可以善用這種精神。「只要我受到激勵，就會全力以赴，」科里絲說明自己想唱歌的欲望，激發她創辦多個無伴奏合唱樂團，「找出那些心中充滿熱情的人，不管他們熱愛做什麼事，都能在職場上占上風。如果有人受到鼓舞後能獲得啟發，尤其是能下定決心展開行動的人，我就知道這個人肯定能突破常規，做出一番成就。」

科里絲認為那些雀躍地談論熱愛的事物之人，都是高瞻遠矚的人才。他們永遠都不會對已經取得的成就感到滿足，總是有動力追求下一個目標。科里絲說，有熱忱的人會對未來懷抱希望，因此這種人才對任何公司而言，都是理想的員工。

音樂家鼓勵公民參與公共事務

粉絲創造出來的能量強而有力，可以超越個人、公司和起源背景。在演唱會的場合，燈光亮起時，觀眾的喧鬧聲不需要平息下來，他們的聲音可以擴大或傳播開來。這種能量之後可以成為利他主義、慈善事業和行動主義的資源。

有家機構的成立宗旨就是為了善用音樂粉絲圈的強大能量，引導公民在美國參與投票。這個無黨派組織叫數人頭（HeadCount），他們藉由與音樂家合作的方式接觸粉絲，目的是促進民眾參與民主政治活動。

該組織在演唱會的場地設立攤位，以推動選民登記活動，包括聖文森、魔力紅（Maroon 5）、哈利．史泰爾斯、德瑞克（Drake）等音樂家的演唱會，另外也善用藝人在社群媒體上擁有的粉絲圈，例如請藝人放上一張舉著告示牌的照片，牌子上寫著「記得投票」或「我要去投票，因為＿＿＿＿＿＿」，藝人可以在空格填上自己的理由。然後，藝人會把照片發布到自己的社群媒體平台，與粉絲分享這個消息。

已經有五百多名藝人參加了這種社群媒體的推廣活動，包括傑克．強森（Jack Johnson）、「怪人奧爾」揚科維奇（“Weird Al” Yankovic）、殺手麥克（Killer Mike）、安妮．迪弗朗科（Ani DiFranco）、奎斯特拉夫（Questlove）、利爾．迪基（Lil Dicky）和阿曼達．帕爾默（Amanda Palmer），以及里昂王族（Kings of Leon）、葛斯特（Guster）、迪斯科餅乾（Disco Biscuits）、調度（Dispatch）等樂團的成員。

從二〇〇四年開始，數人頭在演唱會和網路上持續與樂迷保持聯繫，目前已經在美國有五十多萬名選民登記，並在美國建立了由兩萬名志願者組成的龐大人脈網路。

數人頭成功的關鍵是：能在演唱會這種有集體力量的場合吸引樂迷的注意力。「數人頭堅守的理念很簡單，那就是音樂家有領導力。他們擁有可以接觸到很多人的平台，能用來鼓勵人參與選舉和公民事務，」數人頭的常務董事安迪．伯恩斯坦（Andy Bernstein）說，「但我想說的祕密武器是社群，只有融入社群才算是接觸到真正的粉絲圈。大家剛開始參與社群的原因是熱愛音樂，然後他們漸漸愛上音樂社群，最後變得很享受經由音樂認識到志同道合的人。所以數人頭能幫助人深入社群的核心、回饋社群，然後成為積極參與的公民。每個人都能發揮領導力，鼓勵其他人參與投票，而不是只當選民而已。這就是我們借助的互動力量。粉絲圈的社群要素能帶給我們動力。」

粉絲看到欣賞的藝人都會很開心，而且數人頭表示：這些藝人都覺得參與美國民主活動是很重要的事，他們的熱情會轉化成蔓延開來的活力。此時，粉絲產生了情感動力，他們投票的驅動力已不再只是理智層面了。

能說明粉絲圈大有裨益的另一個例子，是由喜劇演員安德魯・斯萊克（Andrew Slack）於二〇〇五年創辦的非營利組織「哈利・波特聯盟」（Harry Potter Alliance, HPA）。斯萊克組了一個結合喜劇、音樂和《哈利波特》粉絲圈的搖滾樂團「哈利與波特」（Harry and the Potters）後，他和樂團開始在為了「國際特赦組織」（Amnesty International）舉辦的演唱會上募款，目的是引起大眾關注蘇丹侵犯人權的行為。

從那時起，HPA發展迅速，並吸引了數百萬名支持者參與各種活動，主題涵蓋掃盲、心理健康、經濟正義、美國移民改革等。他們的創舉包括為醫療保健組織「健康夥伴」（Partners In Health）籌集到十二萬三千多美元，透過五架貨機運送拯救生命的急需用品到海地，以及透過「速速前圖書」（Accio Books）運動在全世界捐贈三十九萬多本書。

粉絲圈裡的年輕人心聲往往埋沒在政治鬥爭之下，不過HPA能幫助他們把心聲傳達出去，讓書本中的道德思想轉化成改革現實世界的力量。

事實證明，善用數百名音樂家或啃書蟲已經建立好的粉絲力，是鼓勵民眾參與公共事務的好方法，意即用不同的方式轉化已經存在的熱烈情感，再把這種情感引導到特定的目標。當粉絲看到社群對某件事興奮不已時，無論這件事和粉絲圈本身是否有密切關係，這種群眾共同產生的興奮感已具有莫大的感染力。

「星星之火，可以燎原」，恰似 HPA 在官方網站上所描述的：這個組織「把粉絲變成了英雄」。

熱情粉絲的密語

回想起我和朋友一起參加紐約動漫展的那一天，我們三個人半天下來仍然穿著全套的摩莉甘服裝，一邊拖著不斷增加珍藏商品的購物袋，要去參加關於有色人種女性勇闖出版業的討論會。專題討論小組由一群女性組成，有漫畫家也有行銷人員，還有一位負責主持討論會的年輕女性，她穿著《X戰警》中華裔美國女英雄歡歡（Jubilee）的全套服裝。

討論會結束後，我思考了一下討論內容，然後試著找出包包裡的行程表，因為我想確定下一個目的地是哪裡。珍妮則跟少數幾個人都一樣起身走到講台，有些人主動和欣賞的作家握手，有些人則問一些他們在討論會上聽不懂的問題。

但是對珍妮來說，她走到講台的意義不只這些。珍妮是編輯，討論會的主持人其實也是編輯。她們早就以同事的身分相識了。

她們三句不離本行，但兩個人都裝扮成漫畫書裡的角色：珍妮穿著黑色網布拼接服裝，而主持人穿著歡歡的代表性黃色夾克，這一幕並沒有我原本想像的那麼不協調。她們有說有笑，看起來就像在大廳裡從我們身邊路過的粉絲一樣。她們分庭抗禮，一起沉浸在專業與私人的交叉點上，專注在表達她們各自對粉絲圈的情感。

她們也是自豪的漫畫迷，很享受從不同人的發言角度體驗動漫展的意義。此外，她們也很渴望在出版業建立人脈，希望能一面提升職涯價值，一面努力使業界變成一個粉絲會感到賓至如歸的地方。

珍妮和她的同事能互相理解和信任，她們也都熱愛自己從事的工作。在地下室大廳的會議中心裡，這兩位文學專業人士透過角色扮演，以及在雀躍的粉絲面前展現自己欣賞的粉絲圈，使得她們離工作的動力泉源更靠近了，這是她們平時待在座位互相隔開的十層樓高辦公室很難達到的境界。

這就是粉絲圈的效用：讓我們拉近距離，一起分享喜悅。我們可以在粉絲圈中表達自我，更重要的是，我們可以從中找到快樂。

有了這種幸福感，我們就更有動力去創造不凡的成果。

第14章

共享粉絲圈，更能塑造圈粉力

——大衛與玲子

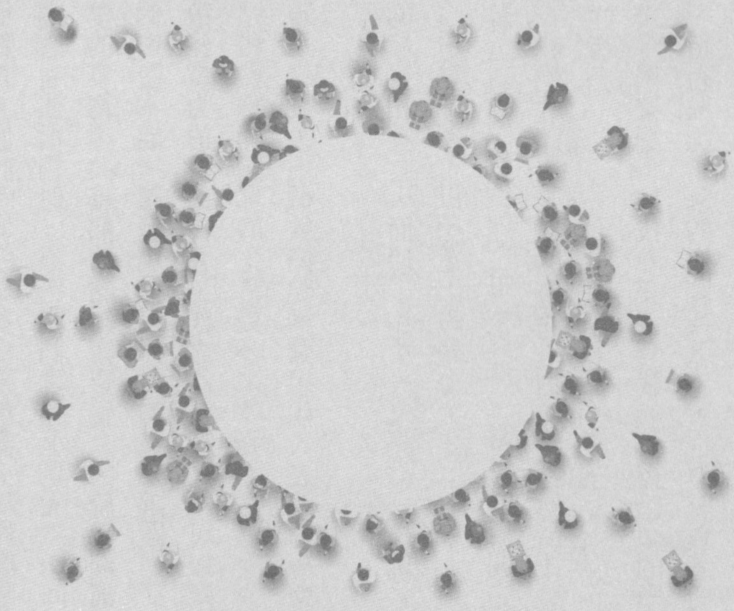

許多人聽到我們要一起寫這本書時都很驚訝。他們問：「父女一起寫書？為什麼？」當初寫作的靈感來自於我們發覺彼此對粉絲圈的看法很相似，不過我們實際上是大不相同的個體。我們兩個人的生活都深深受到各自熱愛的事物、共享熱情的知音影響。由於我們都很認同粉絲圈在生活中扮演的重要性，所以我們很慶幸能一起發現值得探討的重要議題。

粉絲圈並不是有害的迷戀，也不是分散注意力的消遣。在工作之餘有嗜好，可以幫助你和其他志趣相投的人培養有意義的交情。這段關係能讓你的生活更多采多姿。

以我們這對父女為例，我們都很喜歡現場音樂，這個共同點增強了兩人之間的凝聚力，使我們在演唱會這項活動中產生交集。

同樣的，大衛和裕佳里都很喜歡有趣的旅行和美食，而玲子和丈夫班經常一起玩《魔法風雲會》等遊戲。無論在家庭或職場，共享粉絲圈都可以塑造出粉絲力。

我們在校訂本書最後一章時，同時收到一封內容相同的電子郵件。當時大衛開完會要搭乘火車回家，而玲子在醫院幫病人看病。我們立即用手機開啟波士頓呼喚音樂節（Boston Calling Music Festival）寄來的電子郵件，主旨是「二〇一九年陣容—公告日」。

我們瀏覽了一下即將在音樂節表演的幾十個樂團，找找看有沒有我們支持已久的樂團。如果我們發現有之前未曾在現場看過演出、但有興趣了解的樂團或歌手，也會認真考慮要不要去看他們的表演（大衛對葛雷特．範．弗利特感興趣，而玲子對賈奈兒．夢內感興趣）。

然後，我們不久之後就會興奮地互傳訊息，分享各自的選擇。我們之前一起參加過三屆波士頓呼喚音樂節，一直都很期待能再度在溫暖的陽光下，分享彼此對現場音樂的愛好。

圈粉法則

為商業增添個人化的特色是塑造粉絲力的好方法。

粉絲力是讓親朋好友聚在一起共享熱愛事物的行動方案。對我們來說，現場音樂促成了我們之間的穩固關係，也使我們能在相隔兩地的情況下，憑著共同愛好保持聯繫。

我們很慶幸都有能力和家庭成員、朋友、同事、客戶建立同樣牢固的人際關係，因為我們願意分享自己熱中做的事。

我們真的很感謝讀者陪我們一起踏上這段了解粉絲力的旅程。你可以在我們的網站 www.fanocracy.com 看到有關粉絲力故事的影片，內容包含：許多人成功創造粉絲力的實例；我們採訪了將近二十位的二〇二〇年美國總統候選人，了解他們最熱中做什麼事；我們發表過關於粉絲力的主題演講。

我們也想邀請你下載「在事業中建立粉絲力的九大步驟」（Nine Steps to Building a Fanocracy in Your Business），這個清單式圖表能幫助你把書中的概念應用到事業上。你可以到 www.fanocracy.com/resources 這個網址，然後使用密碼「FanocracyNow」下載檔案。你要相信自己的貢獻能協助粉絲力的理念持續發展下去，我們也希望能在網站上分享更多相關內容。

多年來，我們一直在研究和撰寫這本書，書中的內容已經成為我們生活的一部分，也讓我們的關係更密切。我們相信，你若在生活中培養愛好，也能帶來同樣的效果，使你和顧客、朋友、家人的關係變得更融洽。

只要你樂於與人分享粉絲圈的資源，就能在你個人生活和職業生涯發展持久的良好人際關係。

致謝

這本書的靈感來源出自於五年前，當時我們發現彼此對粉絲和粉絲圈的看法很相近，不過我們實際上是很不一樣的個體。我們利用吃飯、開車、互寄電子郵件時，討論和思辨彼此的看法，我們很快就發覺到分享這些想法是不錯的點子，於是這本書就誕生了。

從那時起，從我們偶然發想到完成書籍的過程中，有不少人幫助我們，我們也和數百人談論他們的粉絲圈。我們很感謝這些人。

我們的經紀人是瑪格麗特・麥克布賴德（Margret McBride）。她建議我們把眾多概念轉換成有條理的敘述。她不僅運用技巧和幽默感引導我們完成出版流程，還協助我們把《打造一流品牌、引領商機的圈粉法則》設計成一套完整的理念。

瑪格麗特的付出遠遠超出她身為經紀人的職責範圍，她是我們的博學顧問、語言大師、不辭辛勞的啦啦隊隊長和朋友。我們很感謝她這段期間為了本書花費不少時間、頻繁地用電子郵件和我們聯絡，以及和我們通電話。

此外，瑪格麗特的同事費伊・艾奇遜（Faye Atchison）也大有功勞，她不但留意我們的寫作方向沒有偏離正軌，也很重視我們提出的想法有沒有事實根據。謝謝妳們，瑪格麗特和費伊！

我們也十分感激 Portfolio 出版社的威爾・魏塞（Will Weisser），他從我們的想法中看到值得分享的內容，並且給我們合作的機會。威爾和他的同事阿德里安・扎克海姆（Adrian Zackheim）、妮娜・羅里格斯−馬蒂（Nina Rodríguez-Marty）和莉莉安・鮑爾（Lillian Ball）都是出色的專業人士，也是我們覺得合作愉快的夥伴。

尼爾・戈登（Neil Gordon）仔細閱讀我們寫的好幾份原稿版本，一再幫我們把想法潤飾成容易理解的文辭。

我們剛開始寫這本書時，馬克・利維（Mark Levy）協助我們搞清楚貫穿全文的中心思想和闡述的方式。道格・艾默（Doug Eymer）和我們一起創造敘述故事的視覺要素。史黛西・威利斯（Stacy Willis）和阿希利・瑞斯皮丘（Ashleigh Respicio）幫忙我們架設網站，而大衛・傑克爾（David Jackel）和莎娜・貝朱恩（Shana Bethune）和我們一起製作影片。位於叢林邊緣的 Geoversity 組織也熱心支援，幫忙我們的人包括：納森・格雷（Nathan Gray）、利得・蘇克雷（Lider Sucre）、柯林・維爾（Colin Wiel）和T・J・肯祖斯齊（T. J. Kanczuzewski）。

波士頓的 GrubStreet 寫作社群一直都很支持我們的事業。我們從課堂內容和在那裡結識的朋友身上得到源源不絕的靈感。

最重要的人是渡邊裕佳里・斯科特（Yukari Watanabe Scott），她是妻子也是母親。她傾聽我們說話、提供寶貴的建議，也知道什麼時候該讓我們放手去嘗試。

大衛

首先，我要坦白一件事：由於我的工作包括擔任顧問、舉辦研討會、有關粉絲力的支薪主題演講，在這些工作中，難免會發生一些衝突。我在書中提到的某些人是我的朋友，而我提到的幾家公司，也是我舉辦研討會或提供諮詢服務的對象。

我特別感謝東尼・阿梅里奧（Tony D'Amelio），他負責安排我的演講活動。當我苦惱著該怎麼在台上鋪陳故事時，他也為這本書提供許多有用的建議。我的想法之所以能有效地傳達給全世界的讀者，東尼和他的同事 Mirjana Novkovic、Matt Anderson、Carin Kalt、Meg Joray 和 Jenny Taylor 都功不可沒。

我也很感激東尼・羅賓斯引領我接觸商業大師大學的社群，使我每年都能在那裡發表幾次演講和全新行銷大師（New Marketing Mastery）計畫。真的很謝謝東尼為《粉絲力》撰寫精采的推薦序，也很謝謝羅賓斯國際研究中心（Robbins Research International）的所有團隊成員，尤其是戴安·阿德科克（Diane Adcock）。

其他協助過我、為本書貢獻想法的人還包括塞斯·高汀、Bob Lefsetz、Vin Gaeta、Phillip Stutts、Anthony Venus、Dharmesh Shah、Scott Harris、Carolyn Kim、Rebecca Keat、Mitch Jackson、Verne Harnish、John Harris 和 Jeff Ernst。

十五年前，我在鮑伯·威爾與 RatDog（Bob Weir & RatDog）的演唱會遇見了很厲害的攝影師布魯斯·羅戈文（Bruce Rogovin）。從此之後，他就負責幫我拍攝所有的形象照了！這就是工作上的粉絲力啊！

如果沒有那些和我共享粉絲圈的朋友，本書裡的觀點就不可能出現在我的腦海中。和我一樣是阿波羅月球計畫的粉絲有 Larry、Rich、Jason、Chris、Leslie 和 Steve。「我們是一群經常私下討論的神祕客！」從我在一九七〇年代還是個青少年開始，一直到我寫這篇文章，我已經參加過七百八十多場演唱會了。

我最喜歡和一群朋友去看表演。多年來，這些跟我一樣都超愛現場音樂的朋友，對我的生活和事業有很大的幫助。我要特別謝謝一直陪伴我看表演的 Brian、Joe B.、Meredith、Gavin、Jennie、Berkeley、Bill、Rick、Jay、Alan、Peter，以及女兒玲子。「過去的回憶都

是美好的時光。」——Bh

玲子

在我還沒想到要寫什麼內容之前，我的朋友就已經討論粉絲圈的概念很多年了。漢娜（Hannah）鼓勵我涉足同人小說和女性主義理論。維多利亞（Victoria）一直在敘述故事方面讓我受惠良多。

陪我扮演女戰神摩莉甘、與我情同姊妹的珍妮和克萊兒，總是願意認真地和我談論「不著邊際」的話題。安娜（Anna）陪我在現實生活中旅行，也陪我悠遊在富有奇幻色彩的世界，她經常興致勃勃地談論好書。妮娜（Nina）在工作上也善於對流行文化提出獨到的見解，她還成功地把糟糕的真人電影改編成一場人類學探險。

我也要謝謝所有陪我度過學校生活的朋友，我們經常一起看電視和吃零食：哥倫比亞大學的夥伴有 Sophia、Marina、Amy 和 Katja（我們一起看了《新世紀福爾摩斯》、《神祕博士》、BBC 特別節目，也一起吃火辣口味的奇多餅乾）；小蛋（我們一起看了《雙層公寓》，還一起吃日式蛋包飯）；安東尼（我們一起看了亞洲的 YouTube 烹飪影片，也一起吃遍了各種療癒食物）；Glitters**ts（我們一起看 Sketchy 節目、動畫片，也一起把午餐吃剩的披薩啃光）。

當然，我還要謝謝班，他對每件事都充滿熱忱，使我得到很大的啟發。

我們很希望能收到你的回饋，尤其想知道你有沒有可以和大家分享熱愛的粉絲力，或者你已經創造的粉絲力！

——大衛・梅爾曼・斯科特（@dmscott）與玲子・斯科特（@allison_reiko）

www.fanocracy.com

關於作者

大衛・梅爾曼・斯科特

大衛・梅爾曼・斯科特在嬰兒潮世代出生，屬於X世代。他的年紀與喜劇《脫線家族》（*Brady Bunch*）裡的孩子差不多。在他成長的過程中，很多人看過電視節目《鷓鴣家庭》（*The Partridge Family*）、《草原小屋》（*Little House on the Prairie*）和《歡樂時光》（*Happy Days*）後，隔天會在學校討論這些節目。

他目前是三大粉絲圈的一分子。許多人都覺得他從阿波羅月球計畫蒐集到的手工藝品很稀有。他把這些心愛的手工藝品陳列在自己的小型博物館，並且在網站 ApolloArtifacts.com 和 ApolloPressKits.com 記錄自己的愛好。

他也很喜歡衝浪，每當他到世界各地發表演講，都會找時間享受乘風破浪的快感。他曾經到澳洲、印尼、泰國、波多黎各、哥斯大黎加、夏威夷、美國大陸兩個海岸的多個地點衝浪。他也是一個酷愛現場音樂的人，目前參加過七百八十多場表演。

他在職涯的早期階段曾經到紐約、東京和香港，做過國際金融資訊相關的工作。他目前住在波士頓，為想以顛覆性商品與服務做產業轉型的新興公司提供諮詢服務。也為全球各地的企業活動發表演說和舉辦研討會。至今，大衛在四十六個國家和七大洲發表過演講。

大衛畢業於凱尼恩學院（Kenyon College），目前住在波士頓郊區。

你可以到 DavidMeermanScott.com 參觀他的部落格，並追蹤他的推特帳號「@dmscott」。

本書是他的第十一本著作。

玲子．斯科特

玲子是的千禧世代混血兒，只比Z世代大幾歲。第一部《哈利波特》出版時，她才五歲。第一部《魔戒》電影上映時，她才八歲。第一支 iPhone 上市時，她十三歲了。她在成長過程中見證了網路粉絲圈的成長與變化，包括 LiveJournal、湯博樂和 Discord。她也觀察到現代人把社會正義和娛樂交織在一起的傾向。她畢業於紐約市的哥倫比亞大學，取得神經科學學位，目前在波士頓大學研修醫學。

玲子也很熱中寫推想小說。她從二〇一七年的「VONA/ Voices」有色人種主題寫作坊結業，而且她的短篇小說《幻肢》（*Phantom Limb*）在二〇一八年刊登於 Book Smugglers Publishing 的《Awakenings》精選集。她寫過同人小說，也為《哈利波特》等書、《質量效應》等電玩遊戲、《降世神通》（*Avatar: The Last Airbender*）等電視節目創作粉絲繪圖。

本書是她的第一本著作。

翻轉學 翻轉學系列 038

讓訂閱飆升、引爆商機的圈粉法則

流量世代，競爭力來自圈粉力

Fanocracy: Turning Fans into Customers and Customers into Fans

作　　者　大衛．梅爾曼．史考特（David Meerman Scott）、玲子．史考特（Reiko Scott）
譯　　者　辛亞蓓
總 編 輯　何玉美
主　　編　林俊安
特約編輯　齊世芳
封面設計　張天薪
內文排版　黃雅芬

出版發行　采實文化事業股份有限公司
行銷企畫　陳佩宜．黃于庭．馮羿勳．蔡雨庭．曾睦桓
業務發行　張世明．林踏欣．林坤蓉．王貞玉．張惠屏
國際版權　王俐雯．林冠妤
印務採購　曾玉霞
會計行政　王雅蕙．李韶婉．簡佩鈺
法律顧問　第一國際法律事務所　余淑杏律師
電子信箱　acme@acmebook.com.tw
采實官網　www.acmebook.com.tw
采實臉書　www.facebook.com/acmebook01

I S B N　978-986-507-167-7
定　　價　380 元
初版一刷　2020 年 8 月
劃撥帳號　50148859
劃撥戶名　采實文化事業股份有限公司
104 台北市中山區南京東路二段 95 號 9 樓
電話：(02)2511-9798　傳真：(02)2571-3298

國家圖書館出版品預行編目資料

讓訂閱飆升、引爆商機的圈粉法則：流量世代，競爭力來自圈粉力 / 大衛．梅爾曼．史考特（David Meerman Scott）、玲子．史考特（Reiko Scott）著；辛亞蓓譯 . -- 台北市：采實文化，2020.08
384 面；14.8×21 公分 . --（翻轉學系列；38）
譯自：Fanocracy: Turning Fans into Customers and Customers into Fans
ISBN 978-986-507-167-7（平裝）
1. 顧客關係管理 2. 行銷策略 3. 網路社群
496.7　109009422

廣		告		回		信
台	北	郵	局	登	記	證
台	北	廣	字	第	03720	號
免		貼		郵		票

采實文化 采實文化事業股份有限公司

104台北市中山區南京東路二段95號9樓

采實文化讀者服務部　收

讀者服務專線：02-2511-9798

Fanocracy: Turning Fans into Customers and Customers into Fans

讓訂閱飆升、引爆商機的
圈粉法則

流量世代，競爭力來自圈粉力

David Meerman Scott / Reiko Scott
大衛・梅爾曼・史考特 / 玲子・史考特——著　辛亞蓓——譯

翻轉學

翻轉學系列專用回函

系列：翻轉學系列038
書名：**讓訂閱飆升、引爆商機的圈粉法則**

讀者資料（本資料只供出版社內部建檔及寄送必要書訊使用）：

1. 姓名：
2. 性別：□男 □女
3. 出生年月日：民國　　年　　月　　日（年齡：　　歲）
4. 教育程度：□大學以上 □大學 □專科 □高中（職） □國中 □國小以下（含國小）
5. 聯絡地址：
6. 聯絡電話：
7. 電子郵件信箱：
8. 是否願意收到出版物相關資料：□願意 □不願意

購書資訊：

1. 您在哪裡購買本書？□金石堂 □誠品 □何嘉仁 □博客來
   □墊腳石 □其他：________________（請寫書店名稱）
2. 購買本書日期是？_____年_____月_____日
3. 您從哪裡得到這本書的相關訊息？□報紙廣告 □雜誌 □電視 □廣播 □親朋好友告知
   □逛書店看到 □別人送的 □網路上看到
4. 什麼原因讓你購買本書？□喜歡商業類書籍 □被書名吸引才買的 □封面吸引人
   □內容好 □其他：________________（請寫原因）
5. 看過書以後，您覺得本書的內容：□很好 □普通 □差強人意 □應再加強 □不夠充實
   □很差 □令人失望
6. 對這本書的整體包裝設計，您覺得：□都很好 □封面吸引人，但內頁編排有待加強
   □封面不夠吸引人，內頁編排很棒 □封面和內頁編排都有待加強 □封面和內頁編排都很差

寫下您對本書及出版社的建議：

1. 您最喜歡本書的特點：□實用簡單 □包裝設計 □內容充實
2. 關於商業管理領域的訊息，您還想知道的有哪些？

____

____

3. 您對書中所傳達的內容，有沒有不清楚的地方？

____

____

4. 未來，您還希望我們出版哪一方面的書籍？

____

____